Vitis

"十三五"国家重点图书出版规划项目
"中国果树地方品种图志"丛书

中国葡萄
地方品种图志

曹尚银　谢深喜　房经贵　卢晓鹏　等　著

中国林业出版社

"十三五"国家重点图书出版规划项目
"中国果树地方品种图志"丛书

Vitis

中国葡萄
地方品种图志

图书在版编目（CIP）数据

中国葡萄地方品种图志 / 曹尚银等著.—北京：中国林业出
版社，2017.12
（中国果树地方品种图志丛书）

ISBN 978-7-5038-9392-6

Ⅰ.①中… Ⅱ.①曹… Ⅲ.①葡萄—品种志—中国—
图集 Ⅳ.①S663.102.92-64

中国版本图书馆CIP数据核字(2017)第302728号

责任编辑： 何增明　张　华　邹　爱
出版发行： 中国林业出版社（100009 北京市西城区刘海胡同7号）
电　　话： 010-83143517
印　　刷： 固安县京平诚乾印刷有限公司
版　　次： 2018年1月第1版
印　　次： 2018年1月第1次印刷
开　　本： 889mm×1194mm　1/16
印　　张： 12.5
字　　数： 388千字
定　　价： 198.00元

《中国葡萄地方品种图志》
著者名单

主著者： 曹尚银　谢深喜　房经贵　卢晓鹏

副主著者： 刘　恋　唐超兰　刘崇怀　姜建福　徐小彪　曹秋芬　李天忠　尹燕雷　李好先

著　者（以姓氏笔画为序）

上官凌飞	马小川	马和平	马学文	马贯羊	马彩云	王　企	王　晨	王文战	王亦学
王春梅	王斯好	牛　娟	尹燕雷	邓　舒	卢晓鹏	冯玉增	纠松涛	曲雪艳	朱　博
朱　壹	朱旭东	刘　恋	刘少华	刘贝贝	刘众杰	刘科鹏	汤佳乐	孙　乾	孙其宝
李　民	李天忠	李好先	李贤良	李泽航	李帮明	李晓鹏	李章云	杨选文	肖　蓉
吴　寒	邹梁峰	冷翔鹏	张　川	张久红	张子木	张文标	张伟兰	张全军	张克坤
张建华	张春芬	张晓慧	张清林	张富红	陈　璐	陈利娜	陈楚佳	罗　华	罗东红
罗昌国	周　威	郑　婷	郎彬彬	房经贵	孟玉平	赵亚伟	赵丽娜	赵弟广	赵艳莉
郝兆祥	胡清波	钟　敏	侯乐峰	侯丽媛	俞飞飞	姜志强	姜春芽	骆　翔	秦英石
袁平丽	袁红霞	聂　琼	聂园军	贾海锋	夏小丛	夏鹏云	倪　勇	徐小彪	徐世彦
高　洁	郭　磊	郭会芳	郭俊杰	唐超兰	涂贵庆	陶俊杰	黄　清	黄春辉	黄晓娇
曹　达	曹尚银	曹秋芬	戚建锋	康林峰	梁　建	葛翠莲	董艳辉	敬　丹	谢　敏
谢恩忠	谢深喜	蔡祖国	廖　娇	廖光联	熊　江	潘　斌	薛　辉	薛茂盛	

总序一

　　果树是世界农产品三大支柱产业之一，其种质资源是进行新品种培育和基础理论研究的重要源头。果树的地方品种（农家品种）是在特定地区经过长期栽培和自然选择形成的，对所在地区的气候和生产条件具有较强的适应性，常存在特殊优异的性状基因，是果树种质资源的重要组成部分。

　　我国是世界上最为重要的果树起源中心之一，世界各国广泛栽培的梨、桃、核桃、枣、柿、猕猴桃、杏、板栗等落叶果树树种多源于我国。长期以来，人们习惯选择优异资源栽植于房前屋后，并世代相传，驯化产生了大量适应性强、类型丰富的地方特色品种。虽然我国果树育种专家利用不同地理环境和气候形成的地方品种种质资源，已改良培育了许多果树栽培品种，但迄今为止尚有大量地方品种资源包括部分农家珍稀果树资源未予充分利用。由于种种原因，许多珍贵的果树资源正在消失之中。

　　发达国家不但调查和收集本国原产果树树种的地方品种，还进入其他国家收集资源，如美国系统收集了乌兹别克斯坦的葡萄地方品种和野生资源。近年来，一些欠发达国家也已开始重视地方品种的调查和收集工作。如伊朗收集了872份石榴地方品种，土耳其收集了225份无花果、386份杏、123份扁桃、278份榛子和966份核桃地方品种。因此，调查、收集、保存和利用我国果树地方品种和种质资源对推动我国果树产业的发展有十分重要的战略意义。

　　中国农业科学院郑州果树研究所长期从事果树种质资源调查、收集和保存工作。在国家科技部科技基础性工作专项重点项目"我国优势产区落叶果树农家品种资源调查与收集"支持下，该所联合全国多家科研单位、大专院校的百余名科技人员，利用现代化的调查手段系统调查、收集、整理和保护了我国主要落叶果树地方品种资源（梨、核桃、桃、石榴、枣、山楂、柿、樱桃、杏、葡萄、苹果、猕猴桃、李、板栗），并建立了档案、数据库和信息共享服务体系。这项工作摸清了我国果树地方品种的家底，为全国性的果树地方品种鉴定评价、优良基因挖掘和种质创新利用奠定了坚实的基础。

　　正是基于这些长期系统研究所取得的创新性成果，郑州果树研究所组织撰写了"中国果树地方品种图志"丛书。全书内容丰富、系统性强、信息量大，调查数据翔实可靠。它的出版为我国果树科研工作者提供了一部高水平的专业性工具书，对推动我国果树遗传学研究和新品种选育等科技创新工作有非常重要的价值。

中国农业科学院副院长

中国工程院院士　　吴孔明

2017年11月21日

总序二

中国是世界果树的原生中心，不仅是果树资源大国，同时也是果品生产大国，果树资源种类、果品的生产总量、栽培面积均居世界首位。中国对世界果树生产发展和品种改良做出了巨大贡献，但中国原生资源流失严重，未发挥果树资源丰富的优势与发展潜力，大宗果树的主栽品种多为国外品种，难以形成自主创新产品，国际竞争力差。中国已有4000多年的果树栽培历史，是果树起源最早、种类最多的国家之一，拥有占世界总量3/5的果树种质资源，世界上许多著名的栽培种，如白梨、花红、海棠果、桃、李、杏、梅、中国樱桃、山楂、板栗、枣、柿子、银杏、香榧、猕猴桃、荔枝、龙眼、枇杷、杨梅等树种原产于中国。原产中国的果树，经过长期的栽培选择，已形成了生态类型众多的地方品种，对当地自然或栽培环境具有较好的适应性。一般多为较混杂的群体，如发芽期、芽叶色泽和叶形均有多种变异，是系统育种的原始材料，不乏优良基因型，其中不少在生产中发挥着重要作用，主导当地的果树产业，为当地经济和农民收入做出了巨大贡献。

我国有些果树长期以来在生产上还应用的品种基本都是各地的地方品种（农家品种），虽然开始通过杂交育种选育果树新品种，但由于起步晚，加上果树童期和育种周期特别长，造成目前我国生产上应用的果树栽培品种不少仍是从农家品种改良而来，通过人工杂交获得的品种仅占一部分。而且，无论国内还是国外，现有杂交品种都是由少数几个祖先亲本繁衍下来的，遗传背景狭窄，继续在这个基因型稀少的池子中捞取到可资改良现有品种的优良基因资源，其可能性越来越小，这样的育种瓶颈也直接导致现有品种改良潜力低下。随着现代育种工作的深入，以及市场对果品表现出更为多样化的需求和对果实品质提出更高的要求，育种工作者越来越感觉到可利用的基因资源越来越少，品种创新需要挖掘更多更新的基因资源。野生资源由于果实经济性状普遍较差，很难在短期内对改良现有品种有大的作为；而农家品种则因其相对优异的果实性状和较好的适应性与抗逆性，成为可在短期内改良现有品种的宝贵资源。为此，我们还急需进一步加大力度重视果树农家品种的调查、收集、评价、分子鉴定、利用和种质创新。

"中国果树地方品种图志"丛书中的种质资源的收集与整理，是由中国农业科学院郑州果树研究所牵头，全国22个研究所和大学、100多个科技人员同时参与，首次对我国果树地方品种进行较全面、系统调查研究和总结，工作量大，内容翔实。该丛书的很多调查图片和品种性状资料来之不易，许多优异、濒危的果树地方品种资源多处于偏远的山区村庄，交通不便，需跋山涉水、历经艰难险阻才得以调查收集，多为首次发表，十分珍贵。全书图文并茂，科学性和可读性强。我相信，此书的出版必将对我国果树地方品种的研究和开发利用发挥重要作用。

中国工程院院士　束怀瑞

2017年10月25日

总前言

General Introduction

　　果树地方品种（农家品种）具有相对优异的果实性状和较好的适应性与抗逆性，是可在短期内改良现有品种的宝贵资源。"中国果树地方品种图志"丛书是在国家科技部科技基础性工作专项重点项目"我国优势产区落叶果树农家品种资源调查与收集"（项目编号：2012FY110100）的基础上凝练而成。该项目针对我国多年来对果树地方品种重视不够，致使果树地方品种的家底不清，甚至有的濒临灭绝，有的已经灭绝的严峻状况，由中国农业科学院郑州果树研究所牵头，联合全国多家具有丰富的果树种质资源收集保存和研究利用经验的科研单位和大专院校，对我国主要落叶果树地方品种（梨、核桃、桃、石榴、枣、山楂、柿、樱桃、杏、葡萄、苹果、猕猴桃、李、板栗）资源进行调查、收集、整理和保护，摸清主要落叶果树地方品种家底，建立档案、数据库和地方品种资源实物和信息共享服务体系，为地方品种资源保护、优良基因挖掘和利用奠定基础，为果树科研、生产和创新发展提供服务。

一、我国果树地方品种资源调查收集的重要性

　　我国地域辽阔，果树栽培历史悠久，是世界上最大的栽培果树植物起源中心之一，素有"园林之母"的美誉，原产果树种质资源十分丰富，世界各国广泛栽培的如梨、桃、核桃、枣、柿、猕猴桃、杏、板栗等落叶果树树种都起源于我国。此外，我国从世界各地引种果树的工作也早已开始。如葡萄和石榴的栽培种引入中国已有2000年以上历史。原产我国的果树资源在长期的人工选择和自然选择下形成了种类纷繁的、与特定地区生态环境条件相适应的生态类型和地方品种；而引入我国的果树材料通过长期的栽培选择和自然驯化选择，同样形成了许多适应我国自然条件的生态类型或地方品种。

　　我国果树地方品种资源种类繁多，不乏优良基因型，其中不少在生产中还在发挥着重要作用。比如'京白梨''莱阳梨''金川雪梨'；'无锡水蜜''肥城桃''深州蜜桃''上海水蜜'；'木纳格葡萄'；'沾化冬枣''临猗梨枣''泗洪大枣''灵宝大枣'；'仰韶杏''邹平水杏''德州大果杏''兰州大接杏''郯城杏梅'；'天目蜜李''绥棱红'；'崂山大樱桃''滕县大红樱桃''太和大紫樱桃''南京东塘樱桃'；山东的'镜面柿''四烘柿'，陕西的'牛心柿''磨盘柿'，河南的'八月黄柿'，广西的'恭城水柿'；河南的'河阴石榴'等许多地方品种在当地一直是主栽优势品种，其中的许多品种生产已经成为当地的主导农业产业，为发展当地经济和提高农民收入做出了巨大贡献。

　　还有一些地方果树品种向外迅速扩展，有的甚至逐步演变成全国性的品种，在原产地之外表现良好。比如河南的'新郑灰枣'、山西的'骏枣'和河北的'赞皇大枣'引入新疆后，结果性能、果实口感、品质、产量等表现均优于其在原产地的表现。尤其是出产于新疆的'灰枣'和'骏枣'，以其绝佳的口感和品质，在短短5～6年的时间内就风靡全国市场，其在新疆的种植面积也迅速发展逾3.11万hm²，成为当地名副其实的"摇钱树"。分布范围更广的当属'砀山酥梨'，以

其出色的鲜食品质、广泛的栽培适应性，从安徽砀山的地方性品种几十年时间迅速发展成为在全国梨生产量和面积中达到1/3的全国性品种。

　　果树地方品种演变至今有着悠久的历史，在漫长的演进过程中经历过各种恶劣的生态环境和毁灭性病虫害的选择压力，能生存下来并获得发展，决定了它们至少在其自然分布区具有良好的适应性和较为全面的抗性。绝大多数地方品种在当地栽培面积很小，其中大部分仅是散落农家院中和门前屋后，甚至不为人知，但这里面同样不乏可资推广的优良基因型；那些综合性状不够好、不具备直接推广和应用价值的地方品种，往往也潜藏着这样或那样的优异基因可供发掘利用。

　　自20世纪中叶开始，国内外果树生产开始推行良种化、规模化种植，大规模品种改良初期果树产业的产量和质量确实有了很大程度的提高；但时间一长，单一主栽品种下生物遗传多样性丧失，长期劣变积累的负面影响便显现出来。大面积推广的栽培品种因当地的气候条件发生变化或者出现新的病害受到毁灭性打击的情况在世界范围内并不鲜见，往往都是野生资源或地方品种扮演救火英雄的角色。

　　20世纪美国进行的美洲栗抗栗疫病育种的例子就是证明。栗疫病由东方传入欧美，1904年首次见于纽约动物园，结果几乎毁掉美国、加拿大全部的美洲栗，在其他一些国家也造成毁灭性的影响。对栗疫病敏感的还有欧洲栗、星毛栎和活栎。美国康涅狄格州农业试验站从1907年开始研究栗疫病，这个农业试验站用对栗疫病具有抗性的中国板栗和日本栗作为亲本与美洲栗杂交，从杂交后代中选出优良单株，然后再与中国板栗和日本栗回交。并将改良栗树移植进野生栗树林，使其与具有基因多样性的栗树自然种群融合，产生更高的抗病性，最终使美洲栗产业死而复生。

　　我国核桃育种的例子也很能说明问题。新疆核桃大多是实生地方品种，以其丰产性强、结果早、果个大、壳薄、味香、品质优良的特点享誉国内外，引入内地后，黑斑病、炭疽病、枝枯病等病害发生严重，而当地的华北核桃种群则很少染病，因此人们认识到华北核桃种群是我国核桃抗性育种的宝贵基因资源。通过杂交，华北核桃与新疆核桃的后代在发病程度上有所减轻，部分植株表现出了较强的抗性。此外，我国从铁核桃和普通核桃的种间杂种中选育出的核桃新品种，综合了铁核桃和普通核桃的优点，既耐寒冷霜冻，又弥补了普通核桃在南方高温多湿环境下易衰老、多病虫害的缺陷。

　　'火把梨'是云南的地方品种，广泛分布于云南各地，呈零散栽培状态，果皮色泽鲜红艳丽，外观漂亮，成熟时云南多地农贸市场均有挑担零售，亦有加工成果脯。中国农业科学院郑州果树研究所1989年开始选用日本栽培良种'幸水梨'与'火把梨'杂交，育成了品质优良的'满天红''美人酥'和'红酥脆'三个红色梨新品种，在全国推广发展很快，取得了巨大的社会、经济效益，掀起了国内红色梨产业发展新潮，获得了国际林产品金奖、全国农牧渔业丰收奖二等奖和中国农业科学院科技成果一等奖。

　　富士系苹果引入中国，很快在各苹果主产区形成了面积和产量优势。但在辽宁仅限于年平均气温10℃，1月平均气温-10℃线以南地区栽培。辽宁中北部地区扩展到中国北方几省区尽管日照充足、昼夜温差大、光热资源丰富，但1月平均气温低，富士苹果易出现生理性冻害造成抽条，无法栽培。沈阳农业大学利用抗寒性强、大果、肉质酸酥、耐贮运的地方品种'东光'与'富士'进行杂交，杂交实生苗自然露地越冬，以经受冻害淘汰，顺利选育出了适合寒地栽培的苹果品种'寒富'。'寒富'苹果1999年被国家科技部列入全国农业重点开发推广项目，到目前为止已经在内蒙古南部、吉林珲春、黑龙江宁安、河北张家口、甘肃张掖、新疆玛纳斯和西藏林芝等地广泛栽培。

　　地方品种虽然重要，但目前许多果树地方品种的处境却并不让人乐观！我们在上马优良新品种和外引品种的同时，没有处理好当地地方品种的种质保存问题，许多地方品种因为不适应商业化的要求生存空间被挤占。如20世纪80年代巨峰系葡萄品种和21世纪初'红地球'葡萄的大面积推广，造成我国葡萄地方品种的数量和栽培面积都在迅速下降，甚至部分地方品种在生产上的消失。20世纪80年代我国新疆地区大约分布有80个地方品种或品系，而到了21世纪只有不到30个地方品种还能在生产上见到，有超过一半的地方品种在生产上消失，同样在山西省清徐县曾广泛分布的古老品种'瓶儿'，现在也只能在个别品种园中见到。

加上目前中国正处于经济快速发展时期，城镇化进程加快，因为城镇发展占地、修路、环境恶化等原因，许多果树地方品种正在飞速流失，亟待保护。以山西省的情况为例：山西有山楂地方品种'泽州红''绛县粉口''大果山楂''安泽红果'等10余个，近年来逐年减少；有板栗地方品种10余个，已经灭绝或濒临灭绝；有柿子地方品种近70个，目前60%已灭绝；有桃地方品种30余个，目前90%已经灭绝；有杏地方品种70余个，目前60%已灭绝，其余濒临灭绝；有核桃地方品种60余个，目前有的已灭绝，有的濒临灭绝，有的品种名称混乱；有2个石榴地方品种，其中1个濒临灭绝！

又如，甘肃省果树资源流失非常严重。据2008年初步调查，发现5个树种的103个地方果树珍稀品种资源濒临流失，研究人员采集有限枝条，以高接方式进行了抢救性保护；7个树种的70个地方果树品种已经灭绝，其中梨48个、桃6个、李4个、核桃3个、杏3个、苹果4个、苹果砧木2个，占原《甘肃果树志》记录品种数的4.0%。对照《甘肃果树志》（1995年），未发现或已流失的70个品种资源主要分布在以下区域：河西走廊灌溉果树区未发现或已灭绝的种质资源6个（梨品种2个、苹果品种4个）；陇西南冷凉阴湿果树区未发现或灭绝资源10个（梨资源7个、核桃资源3个）；陇南山地果树区未发现或流失资源20个（梨资源14个、桃资源4个、李资源2个）；陇东黄土高原果树区未发现或流失资源25个（梨品种16个、苹果砧木2个、杏品种3个、桃品种2个、李品种2个）；陇中黄土高原丘陵果树区未发现或已流失的资源9个，均为梨资源。

随着果树栽培良种化、商品化发展，虽然对提高果品生产效益发挥了重要作用，但地方品种流失也日趋严重，主要表现在以下几个方面：

1.城镇化进程的加快，随着传统特色产业地位的丧失，地方品种逐渐减少

近年来，随着城镇化进程的加快，以前的郊区已经变成了城市，以前的果园已经难寻踪迹，使很多地方果树品种随着现代城市的建设而丢失，或正面临丢失。例如，甘肃省兰州市安宁区曾经是我国桃的优势产区，但随着城镇化的建设和发展，桃树栽培面积不到20世纪80年代的1/5，在桃园大面积减少的同时，地方品种也大幅度流失。兰州'软儿梨'也是一个古老的品种，但由于城镇化进程的加快，许多百年以上的大树被砍伐，也面临品种流失的威胁。

2.果树良种化、商品化发展，加快了地方品种的流失

随着果树栽培良种化、商品化发展，提高了果品生产的经济效益和果农发展果树的积极性，但对地方品种的保护和延续造成了极大的伤害，导致了一些地方品种逐渐流失。一方面是新建果园的统一规划设计，把一部分自然分布的地方品种淘汰了；另一方面，由于新品种具有相对较好的外观品质，以前农户房前屋后栽植的地方品种，逐渐被新品种替代，使很多地方品种面临灭绝流失的威胁。

3.国家对果树地方品种的保护宣传力度和配套措施不够

依靠广大农民群众是保护地方品种种质资源的基础。由于国家对地方品种种质资源的重要性和保护意义宣传力度不够，农民对地方品种保护的认知不到位，导致很多地方品种在生产和生活中不经意地流失了。同时，地方相关行政和业务部门，对地方品种的保护、监管、标示力度不够，没有体现出地方品种资源的法律地位，导致很多地方品种濒临灭绝和正在灭绝。

发达国家对各类生物遗传资源（包括果树）的收集、研究和利用工作极为重视。发达国家在对本国生物遗传资源大力保护的同时，还不断从发展中国家大肆收集、掠夺生物遗传资源。美国和前苏联都曾进行过系统地国外考察，广泛收集外国的植物种质资源。我国是世界上生物遗传资源最丰富的国家之一，也是发达国家获取生物遗传资源的重要地区，其中最为典型的案例当属我国大豆资源（美国农业部的编号为PI407305）流失海外，被孟山都公司研究利用，并申请专利的事件。果树上我国的猕猴桃资源流失到新西兰后被成功开发利用，至今仍然有大量的国外公司组织或个人到我国的猕猴桃原产地大肆收集猕猴桃地方品种资源和野生资源。甚至连绝大多数外国人现在都还不甚了解的我国特色果树——枣的资源也已经通过非正常途径大量流失到了国外！若不及时进行系统的调查摸底和保护，那种"种中国豆，侵美国权"的荒诞悲剧极有可能在果树上重演！

综上所述，我国果树地方品种是具有许多优异性状的资源宝库，目前正以我们无法想象的速度消失或流失；应该立即投入更多的力量，进行资源调查、收集和保护，把我们自己的家底摸清楚，真正发挥我国果树种质资源大国的优势。那些可能由于建设或因环境条件恶化而在野外生存受到威胁的果树地方品种，不能在需要抢救时才引起注意，而应该及早予以调查、收集、保存。要对我国落叶果树地方品种进行调查、收集和保存，有多种策略和方法，最直接、最有效的办法就是对优势产区进行重点调查和收集。

二、调查收集的方式、方法

按照各树种资源调查、收集、保存工作的现状，重点调查资源工作基础薄弱的树种（石榴、樱桃、核桃、板栗、山楂、柿），对已经具有较好资源工作基础和成果的树种（梨、桃、苹果、葡萄）做补充调查。根据各树种的起源地、自然分布区和历史栽培区确定优势产区进行调查，各树种重点调查区域见本书附录一。各省（自治区、直辖市）主要调查树种见本书附录二。

通过收集网络信息、查阅文献资料等途径，从文字信息上掌握我国主要落叶果树优势产区的地域分布，确定今后科学调查的区域和范围，做好前期的案头准备工作。

实地走访主要落叶果树种植地区，科学调查主要落叶果树的优势产区区域分布、历史演变、栽培面积、地方品种的种类和数量、产业利用状况和生存现状等情况，最终形成一套系统的相关科学调查分析报告。

对我国优势产区落叶果树地方品种资源分布区域进行原生境实地调查和GPS定位等，评价原生境生存现状，调查相关植物学性状、生态适应性、栽培性能和果实品质等主要农艺性状（文字、特征数据和图片），对优良地方品种资源进行初步评价、收集和保存。

对叶、枝、花、果等性状按各种资源调查表格进行记载，并制作浸渍或腊叶标本。根据需要对果实进行果品成分的分析。

加强对主要生态区具有丰产、优质、抗逆等主要性状资源的收集保存。注重地方品种优良变异株系的收集保存。

主要针对恶劣环境条件下的地方品种，注重对工矿区、城乡结合部、旧城区等地濒危和可能灭绝地方品种资源的收集保存。

收集的地方品种先集中到资源圃进行初步观察和评估，鉴别"同名异物"和"同物异名"现象。着重对同一地方品种的不同类型（可能为同一遗传型的环境表型）进行观察，并用有关仪器进行简化基因组扫描分析，若确定为同一遗传型则合并保存。对不同的遗传型则建立其分子身份鉴别标记信息。

已有国家资源圃的树种，收集到的地方品种入相应树种国家种质资源圃保存，同时在郑州、随州地区建立国家主要落叶果树地方品种资源圃，用于集中收集、保存和评价有关落叶果树地方品种资源，以确保收集到的果树地方品种资源得到有效的保护。郑州和随州地处我国中部地区，中原之腹地，南北交汇处，既无北方之严寒，又无南方之酷热。因此，非常适宜我国南北各地主要落叶果树树种种质资源的生长发育，有利于品种资源的收集、保存和评价。

利用中国农业科学院郑州果树研究所优势产区落叶果树树种资源圃保存的主要落叶果树树种

地方品种资源和实地科学调查收集的数据，建立我国主要落叶果树优良地方品种资源的基本信息数据库，包括地理信息、主要特征数据及图片，特别是要加强图像信息的采集量，以区别于传统的单纯文字描述，对性状描述更加形象、客观和准确。

对我国优势产区落叶果树优良地方品种资源进行一次全面系统梳理和总结，摸清家底。根据前期积累的数据和建立的数据库（http://www.ganguo.net.cn），开发我国主要落叶果树优良地方品种资源的GIS信息管理系统。并将相关数据上传国家农作物种质资源平台（http://www.cgris.net），实现果树地方品种资源信息的网络共享。

工作路线见本书附录三。工作流程见本书附录四。要按规范填写调查表。调查表包括：农家品种摸底调查表、农家品种申报表、农家品种资源野外调查简表、各类树种农家品种调查表、农家品种数据采集电子表、农家品种调查表文字信息采集填写规范。农家品种标本、照片采集按规范填写"农家品种资源标本采集要求"表格和"农家品种资源调查照片采集要求"表格。调查材料提交也须遵照规范。编号采用唯一性流水线号，即：子专题（片区）负责人姓全拼+名拼音首字母+采集者姓名拼音首字母+流水号数字。

本次参加调查收集研究有22个单位，分布在我国西南、华南、华东、华中、华北、西北、东北地区，每个单位除参加过全国性资源考察外，他们都熟悉当地的人文地理、自然资源，都对当地的主要落叶果树资源了解比较多，对我们开展主要落叶果树地方品种调查非常有利，而且可以高效、准确地完成项目任务。其中包括2个农业部直属单位、4个教育部直属大学（含2所985高校）、10个省属研究所和大学，100多名科技人员参加调查，科研基础和实力雄厚，参加单位大多从事地方品种相关的调查、利用和研究工作，对本项目的实施相当熟悉。还有的团队为了获得石榴最原始的地方品种材料，尽管当地有关专业部门说，近期雨季不能到有石榴地方品种的地区调查，路险江深，有生命危险，可他们还是冒着生命危险，勇闯交通困难的西藏东南部三江流域少人区调查，获得了可贵的地方品种资源。

通过5年多的辛勤调查、收集、保存和评价利用工作，在承担单位前期工作的基础上，截至2017年，共收集到核桃、石榴、猕猴桃、枣、柿子、梨、桃、苹果、葡萄、樱桃、李、杏、板栗、山楂等14个树种共1700余份地方品种。并积极将这些地方品种资源应用于新品种选育工作，获得了一批在市场上能叫得响的品种，如利用河南当地的地方品种'小火罐柿'选育的极丰产优质小果型柿品种'中农红灯笼柿'，以其丰产、优质、形似红灯笼、口感极佳的特色，迅速获得消费者的认可，并获得河南省科技厅科技进步奖一等奖和河南省人民政府科技进步奖二等奖。

"中国果树地方品种图志"丛书被列为"十三五"国家重点出版物规划项目。成书过程中，在中国农业科学院郑州果树研究所、湖南农业大学等22个单位和中国林业出版社的共同努力和大力支持下，先后于2017年5月在河南郑州、2017年10月25日至11月5日在湖南长沙、11月17～19日在河南郑州召开了丛书组稿会、统稿会和定稿会，对书稿内容进行了充分把关和进一步提升。在上述国家科技部基础性工作专项重点项目启动和执行过程中，还得到了该项目专家组束怀瑞院士（组长）、刘凤之研究员（副组长）、戴洪义教授、于泽源教授、冯建灿教授、滕元文教授、卢春生研究员、刘崇怀研究员、毛永民教授的指导和帮助，在此一并表示感谢！

曹尚银

2017年11月17日于河南郑州

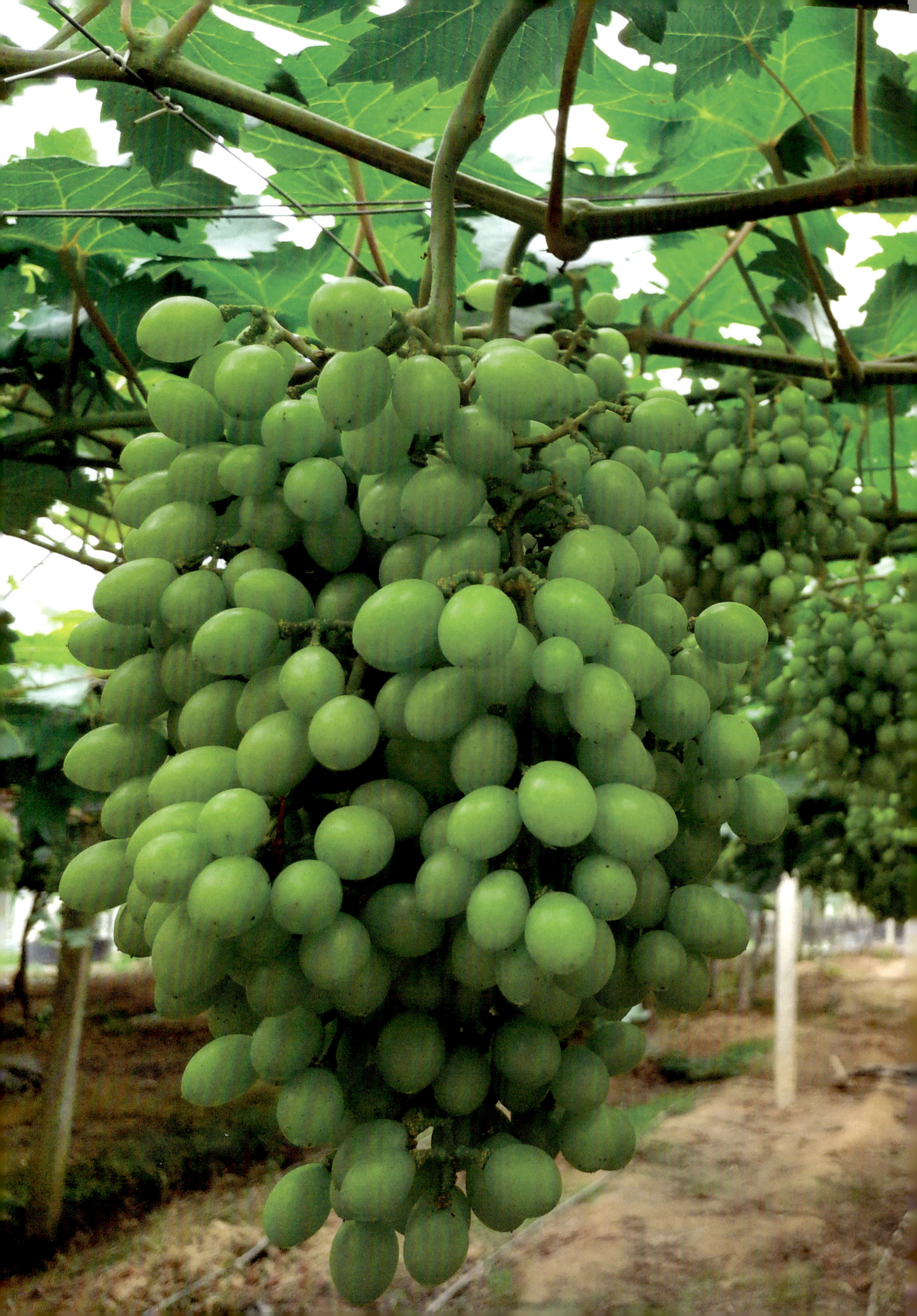

前言

Preface

　　《中国葡萄地方品种图志》是由中国农业科学院郑州果树研究所牵头，中国农业大学、山西省农业科学院生物技术研究中心、山东省果树研究所和南京农业大学共同主持，由开封市农林科学研究院、西藏农牧学院、华中农业大学、湖南农业大学、沈阳农业大学、北京市农林科学院农业综合发展研究所、吉林省农业科学院果树研究所、四川省农业科学院园艺研究所、贵州省农业科学院果树研究所、安徽省农业科学院、江西农业大学、陕西省农业科学院果树研究所、新疆农业科学院吐鲁番农业科学研究所和西安市果业技术推广中心等单位参加，组织全国数十位专家合作撰写而成。

　　自2012年5月启动科技基础性工作专项重点项目"我国优势产区落叶果树农家品种资源调查与收集"以来，中国农业科学院郑州果树研究所作为主持单位在全国范围内开展了葡萄农家品种资源的广泛调查和重点收集工作，特别是在葡萄的传统栽培区域，如山东的肥城、临沂，河北的深州市，河南的郑州，江苏的连云港、南通，浙江的奉化、金华，甘肃的宁县等地，以及一些以前未曾调查过的地方如西藏昌都，开展了长期的、多次的地方品种收集和植物学性状调查和数据采集，经过努力的工作，终于取得了一大批特异的、濒临消失的葡萄果树种质材料。作为项目任务的一部分，要求完成我国优势产区葡萄落叶果树栽培的地域分布、产业和生存现状调查，每树种发表相关科学调查研究报告，合作撰写一本考察著作。

　　自2016年1月开始，我们启动了《中国葡萄地方品种图志》的撰写工作，组织有关人员，起草撰写大纲，整理、收集品种资源调查资料和补充图片等前期准备工作，并开始着手撰写部分章节内容。2016年7月继续整理收集各片区调查数据和照片，撰写《中国葡萄地方品种图志》的初稿。2017年6月，中国农业科学院郑州果树研究所联合中国林业出版社，会同中国农业大学、山西省农业科学院生物技术研究中心、山东省果树研究所和南京农业大学在河南省郑州市召开了"中国果树地方品种图志丛书"第一次撰写工作会，来自全国各地的20余位专家、学者参加会议，研究、讨论、确定了《中国葡萄地方品种图志》撰写大纲，明确了撰写格式、撰写任务、撰写时间和具体分工。最后，由曹尚银同志根据书稿情况，邀请有关专家审定并最终定稿。

　　《中国葡萄地方品种图志》是首次对中国葡萄地方品种种质资源进行比较全面、系统调查研究的阶段性总结，为研究葡萄的区域分布、品种类别及特异资源的开发利用提供较完整的资料，将对促进我国葡萄产业发展和科学研究产生重要的作用。本书的写作内容重点放在葡萄地方品种种质资源上，也就是品种资源的调查地点、生境信息、植物学信息和品种评价的描述上。总体工作思路如下：①在果树生长季节，每年进行4次野外调查，分别采集葡萄的叶、花、果等数据和照片，以及在当地实际的物候期数据；②将全国分为东部、西部、南部、北部、中部5个片区，每个片区配备一个调查组，每组至少15人，分3个小队进行调查；③各调查组查阅有关资料、走访当地有关部门，确定调查的县、乡、村、农户，进行调查；④组建专家组（14人），对各片区提出的疑难地区进行针对性调查。

本书总论主要阐述葡萄地方品种收集的重要性，区域分布特点，产业发展现状，调查方法，调查结果和主要种质资源的鉴定分析；各论是对收集的地家品种的具体信息进行描述，包括调查人、提供人、调查地点、经纬度信息、样本类型、生境信息、植物学信息和品种评价，并配置相应品种的生境、单株、花、果、叶的高清晰度照片，本书所配照片在总论中都一一标出拍摄人或提供人姓名，各论里照片都是各片区调查人拍照提供，由于人数较多，就不一一列出。开展工作时采用了分片区调查的方式，共分为东部、南部、西部、北部、中部五个片区。本书收录的葡萄地方品种（类型）的形态特征及经济性状，可为生产利用提供参考，对葡萄地方品种保护、产业发展、葡萄科学研究具有深远影响。

中国工程院院士、山东农业大学束怀瑞教授对本书撰写工作给予热情关怀和悉心指导；中国农业科学院郑州果树研究所、中国林业出版社等单位给予多方促进和大力支持；国家科技基础性工作专项重点项目"我国优势产区落叶果树农家品种资源调查与收集"、国家出版基金给予了支持。在此一并表示深深的感谢。

由于著者水平和掌握资料有限，本书有遗漏和不足之处敬请读者及专家给予指正，以便日后补充修订。

著者

2017年11月

目录

Contents

总论

第一节
葡萄的起源、演化与发展现状

葡萄是葡萄科（*Vitaeace* L.）葡萄属（*Vitis* L.）木质藤本植物，风味优美，营养丰富，在世界果树生产中占据重要位置，其栽培面积和产量曾长期居世界水果生产首位，20世纪90年代后让位于柑橘，退居第二。葡萄品种多样（图1、图2），用途广泛，除鲜食外，还应用于酿制葡萄酒（图3、图4），加工成葡萄干（图5）、葡萄汁（图6）等产品。成熟的葡萄浆果一般含有15%～25%的葡萄糖和果糖及少量的蔗糖，0.5%～1.5%的苹果酸、酒石酸及少量的柠檬酸、琥珀酸、没食子酸、草酸、水杨酸等有机酸，0.15%～0.9%的蛋白质，0.3%～1%的果胶，0.3%～0.5%的钾、钙、钠、磷、锰等无机盐类。每日鲜食100g葡萄，可满足人体一天需要钙量的4%，镁量的1.6%。磷量的0.12%，铁量的16.4%，铜量的2.7%和锰量的16.6%。1L葡萄汁相当于1.7L牛奶或650g牛肉、1kg鱼、300g奶酪、500g面包、3~5个鸡蛋、1.2kg马铃薯、3.5kg番茄、1.5kg苹果或梨、桃产生的热量。葡萄干含有65%～77%的葡萄糖和果糖，每1kg葡萄干的热量达13598～14225.6J。另外，葡萄还含有维生素A、维生素B1、维生素B2、维生素B6、维生素B12、维生素C、维生素P、烟酸、肌醇和人体必需的精氨酸、色氨酸等10余种氨基酸（贺普超，1999）。正因其中富含多种营养功能成分，葡萄及其制品具有医疗保健功效，有益于防治贫血等疾病，并具有降低血脂、软化血管的功效，深受广大消费者的青睐。

葡萄在推进农业结构调整、增加农民收入以及促进出口创汇等方面发挥着越来越重要的作用。近年来，随着经济社会发展和人民生活水平的提高，葡萄及其加工产品的消费呈迅速上升趋势。旺盛的国内外需求将为葡萄产业发展提供广阔的市场空间，同时也将对产品结构、质量安全、品牌建设等方面提出更高的要求。全面分析、总结葡萄产业的发展历史与现状，正确引导葡萄生产与消费，这不仅关系着中国葡萄产业的健康发展，而且对整个世界葡萄供需平衡也有十分重要的意义。

图1 葡萄风味评价（李晓鹏 供图）

图2 葡萄品鉴会（吴胜 供图）

图3 不同品种的葡萄酒（吴胜 供图）

图4 葡萄酒产品（吴胜 供图）

图5 葡萄干产品（徐小彪 供图）

图6 葡萄汁（吴胜 供图）

葡萄是最古老的被子植物之一，起源于欧、亚大陆和北美洲的连片地区。主要栽培类型则起源于中亚细亚一带，随着人类文化和经济交流逐渐扩展到欧洲乃至世界各地。

一　葡萄的起源及演化

在数百万年前葡萄已遍布北半球，由于大陆分离和冰川时期的影响，发展成了多个种。葡萄是栽培历史最悠久的植物之一，早在5000～7000年以前，高加索、中亚细亚、叙利亚、美索不达米亚和埃及等地中海沿岸就已经开始栽培葡萄并酿制葡萄酒，随后陆续传入西方和东方各国。随着栽培范围的扩展，品种不断增加，又形成了诸多各具地方特色的品种群。

葡萄的演化大体可以分为三个阶段（贺普超，1999）。一是原始类型阶段。远在新生代第三纪乃至更早的地质年代，距今6700万年到13000万年中生代白垩纪的地质层中发现了葡萄科植物，距今约6500万年新生代第三纪的化石中找到了明确无误的葡萄属叶片和种子的化石。第三世纪初期第一个化石种奥瑞基葡萄就广布于格陵兰西部、西伯利亚、勘察加、阿拉斯加、加拿大和美国。当时欧亚大陆和美洲尚未被海洋分隔。二是种群及种的形成阶段。大陆分离后使葡萄属植物从广阔连片的分布区分割成彼此隔离的几大分布区；在冰川侵袭下和长期在不同生态条件的影响下形成了不同种群和物种的不同特性。欧洲及中亚遭受最严重的冰川侵袭，仅保存了极少数的种，这些种生活在黑海和里海之间的某个区域，至今仍存在，植物学家们认为这里是欧洲葡萄的发源地。东亚地区受冰川侵袭程度较轻，保存下来的种较多，约有40余种，其中绝大多数原产于中国。北美洲受冰川侵袭危害轻，使北美种群保留下来近30种，这个种群具有较短的生长期和较强的适应性，随着起源地区生态条件的差异而具备不同的特性。如抗寒性较强的河岸葡萄和北美葡萄起源于北方，抗旱性较强的沙地葡萄和山平氏葡萄起源于干旱地带。另外还有起源于美洲的圆叶葡萄等3个种和其他种差别很大，分类学上将其划分为圆叶葡萄亚属，而其他葡萄树种为真葡萄亚属。三是栽培驯化阶段。据考察资料记载，南高加索与中亚细亚的南部诸共和国以及阿富汗、伊朗、小亚细亚邻近地区是栽培葡萄的原产地。欧洲葡萄是人类栽培驯化最早的果树之一，美洲种葡萄的栽培驯化大体是在发现新大陆后，在欧美两地相互引种过程中因葡萄根瘤蚜和一些真菌性病害蔓延猖獗而促成的。东亚种群的有些种也是当地居民无意识或有意识选择下，形成了一些比较原始的栽培类型。

二 葡萄的分类

葡萄科植物包含14个属，1990年又新命名1个愈藤属（*Yua* C. L Li），其中，只有葡萄属植物中浆果可以食用，最具有经济价值。林奈（Carl Von Linne）在1737年确立了葡萄属，1803年，葡萄属被Planchon分为真葡萄亚属（*Euvitis*）和圆叶葡萄亚属（*Muscadinia*），亚属内种间杂交亲和，不存在遗传障碍。圆叶葡萄亚属包含20对染色体，而真葡萄亚属只有19对染色体，这导致两亚属间杂交不亲和。

1. 圆叶葡萄亚属

圆叶葡萄亚属植物大多呈现枝条表面块状，不易剥离，有皮孔的特征，且枝蔓节部无横隔，卷须不分叉，每穗果粒数2～12粒，种子呈卵圆形。包括圆叶葡萄（*V. rotundifolia* Michx.）、鸟葡萄（*V. munsoniana* Simpson *ex* Munson）和墨西哥葡萄（*V. popenoei* Fennell）3种，其中圆叶葡萄是研究和利用最多的一种。圆叶葡萄起源于美国东南部，栽培历史超过400年，特别适应当地湿热的亚热带气候条件，对多种病虫害高抗甚至免疫，如霜霉病、炭疽病、环状根腐病、叶枯病、皮尔斯病、顶枯病、环带状叶斑病、根瘤蚜、剑形根结线虫等。圆叶葡萄果实颗粒大，具有特殊香味，鲜食、加工均有一定价值，但扦插不易生根，与欧洲葡萄嫁接亲和性差，因此无法直接用作砧木（宋士任，2005）。

圆叶葡萄具有优良的抗逆性，育种工作者一直致力于将其抗性基因导入欧亚种和欧美杂种的栽培品种中，但圆叶葡萄和真葡萄差异太大，存在严重的杂交不育和杂种不育障碍，虽已育出几个品种，但没有一个杂交种在生产中推广。

2. 真葡萄亚属

真葡萄亚属植物大多呈现枝条表皮条状，易

剥落，无皮孔的特征，且枝蔓节部有横隔，卷须分叉，种子呈梨形。该亚属内物种较多，包括了绝大多数葡萄种类，一般认为有70余种，有人认为有63个种和43个争议种（贺普超，1999），这些种通常仅根据起源分布和形态结构及适应能力的差异而分类，各种间染色体组型差异小，亲和性强，杂交极其容易（孔庆山，2004）。通常按起源地分为3个种群：欧洲种群、美洲种群和东亚种群。

（1）欧洲种群 欧洲种群仅存留1个种，即欧洲葡萄（*V. vinifera* L.），或称欧亚种葡萄，该种起源于黑海、里海及地中海沿岸，又包括2个亚种，栽培类型葡萄（*V. vinifera* var. *sativa* D. C.）和野生类型森林葡萄（*V. vinifera* var. *sylvestris* Geml.），在发源地仍可找到其野生变种森林葡萄，野生类型由于果穗果粒小，品质差，变异少，无突出抗性，所以在现代育种上很少利用。

欧洲葡萄栽培历史悠久，变异复杂多样，经过长期栽培驯化和选择形成了数千个优良品种，世界上90%左右的葡萄栽培品种是欧洲葡萄。其特点是果实颗粒大，品质好，产量高，是适宜的鲜食品种，也是最佳的酿酒、制干原料。在所有种中经济性状最好，为育种提供了宝贵的品质基因资源。根据地理分布及品种特性的不同，欧洲葡萄可分为东方品种群（Proles orientalis Negr）、西欧品种群（Proles occidentalis Negr）和黑海品种群（Proles pontica Negr）。东方品种群形成于沙漠、半沙漠的干燥地区，分布在哈萨克斯坦、乌兹别克斯坦、土库曼、伊朗等国，主要用于鲜食或制干，常见品种如'龙眼''牛奶''无核白'等；西欧品种群起源于西欧、法国、德国等地，主要用于酿酒或制汁，如'赤霞珠''佳利酿''小白玫瑰''白马拉加'等；黑海品种群分布于摩尔多瓦、罗马尼亚和土耳其等国，适于酿酒或鲜食，如'白羽''白玉''晚红蜜'等。欧洲葡萄较抗石灰性土壤，但抗寒抗病能力差，对真菌性病害、根瘤蚜敏感（李顺雨，2010）。

（2）美洲种群 美洲种群原产于美国、墨西哥及加拿大东部地区，约有30个种，主要有美洲葡萄（*V. labrusca*）、河岸葡萄（*V. riparia*）、沙地葡萄（*V. rupestris*）、夏葡萄（*V. aestrivalis*）、冬葡萄（*V. berlandieri*）、甜冬葡萄（*V. cinerea*）、林氏葡萄（*V. lincecumii*）等，分布范围广，抗病虫能力强，是研究葡萄抗性育种的重要材料。如河岸葡萄抗根瘤蚜、灰霉病、黑腐病、霜霉病，山平氏葡萄抗根结线虫、剑线虫、黑痘病，美州葡萄抗根癌病等，此外美洲种群的抗寒性、抗盐碱、抗石灰性土壤能力均较强，也较抗旱。但该种群纯种果实品质差，极少用作鲜食，主要作为杂交亲本或砧木，特别是19世纪中后期葡萄根瘤蚜和一些真菌性病害在欧洲乃至世界范围爆发后，美洲种群的研究和利用更加受到了重视。

育种工作者利用北美种群具有抗性较强的优点培育了许多优良品种，如制汁品种'比康'（美洲葡萄×林氏葡萄）'黑虎香'（冬葡萄×夏葡萄）和'康可'（美洲葡萄实生）等。在欧洲和美洲相互引种的过程中，人们用品质优良的欧亚种葡萄与美洲种葡萄一代杂交、回交或多亲杂交得到一系列的欧美杂交种，这些杂交种品质优，抗性好，克服了欧洲葡萄抗性差和美洲葡萄品质差的缺点。随着人们生活品质的提高与生态观念的加强，这些抗逆性的种间杂种被越来越多的地方引进并栽培使用。另外，欧美杂种不断与其他品质杂交，经过长期的选择，形成了许多品质优良、抗性较强的杂交种，并广泛应用在栽培生产上，如'巨峰葡萄'由欧美杂种'康拜尔早生'的大粒芽变品种与欧亚种'森田尼'杂交育成，是培育大粒鲜食品种的优良亲本，目前我国的巨峰系品种大约有100多种，在我国葡萄生产中具有重要的地位和作用。

（3）东亚种群　东亚种群分布在中国、朝鲜、日本、原苏联远东等地的森林、山地、河谷及海岸旁，种类最为丰富，现有40种以上，如山葡萄、毛葡萄、刺葡萄、华东葡萄、腺枝葡萄等。该种群抗性广泛，有独特的经济性状，多用于酿酒、砧木和育种，且地理分布较广，变异丰富多彩，大多处于野生和半野生状态。

我国是东亚种群葡萄的起源地之一，约有35种野生葡萄起源于我国，原产中国东北、俄罗斯和朝鲜的山葡萄，是葡萄属中生长期最短，抗寒性最强的种类，并且具有较强的抗性，是酿造葡萄酒的优质原料。俄罗斯利用山葡萄与美洲葡萄、河岸葡萄和欧洲葡萄杂交，育出了抗寒的'北极''米丘林小无核'等鲜食品种。我国是世界上唯一有山葡萄两性花种质资源的国家，自20世纪50年代以来，家化栽培面积逐渐扩大，并从中选出'长白9号''左山1号''左山2号'以及'双庆''双优''双丰'等两性花酿酒品种

（赵青，2010）。

三 葡萄的发展现状

1. 世界葡萄的发展现状

长期以来，葡萄栽培面积和产量一直居于世界各类水果之首。但从1989年起，柑橘类栽培面积和产量超过葡萄，占据了第一位。作为世界第二大水果，葡萄在人们的日常生活中占有极其重要的地位。近年来，世界葡萄主产国栽培面积变化如表1。

葡萄现有3个品种群，即欧洲种群、美洲种群及东亚种群，当前世界上绝大多数具有商品性的鲜食葡萄和酿酒葡萄都出自欧洲种群，品质优良但抗病性差。美洲葡萄群及东亚品种群的葡萄品种主要具有良好的抗性，是良好的嫁接砧木。从目前资料上来看，三者之中东亚葡萄种群的种类最为丰富，在40种以上，主要分布在中国、朝鲜、日本等地，其中以中国的品种最为丰富（牛立新，1994）。

葡萄除了用于鲜食外，多用于酿制各种类型的酒，小部分用于制干和制汁。据美国农业部统计，全球每年有2000万t左右的葡萄用于鲜食，约占总产量的30%；而制干葡萄的用量约500万t左右，占不到总产量的10%；其余超过60%的葡萄用于酿酒和制汁，大约有3500万~4000万t。其中酿酒葡萄的产地主要集中在具有地中海气候的欧洲，其中又以西班牙和法国为最，而鲜食葡萄和葡萄干的产地主要为中国、美国和土耳其等。据2015年的数据显示，西班牙葡萄总产量仍保持世界第一的地位，中国位列第二，但中国鲜食葡萄产量为世界第一。

根据西方学者所描述的葡萄酒的起源、传播路径、发展历史及世界葡萄酒的格局，将当前世界葡萄酒生产国分为"旧世界（中东，希腊，欧洲一带）"，"新世界（澳洲、东亚、北美一带）"及"新新世界（南美、非洲一带）"（王华，2016）。2016年世界葡萄酒产量（不包括葡萄汁及未发酵汁）创近20年来产量新低。主要是由于不利的天气状况对多个国家的葡萄生产造成了影响。意大利总产量为$4.88×10^9$L，位居世界第一，接下来是法国$4.19×10^9$L和西班牙$3.78×10^9$L。美国$2.25×10^9$L的产量甚至达到了创纪录的水平。而南半球的阿根廷葡萄酒产量急剧下降，仅为$8.8×10^8$L，智利和巴西的天气条件较为良好，产

表1 世界葡萄主产国栽培面积　　　　　　　　　　　　　　（万hm²）

国家	1995年	2000年	2005年	2010年	2014年
全世界	736.5	733.7	737.3	704.8	712.5
西班牙	116.0	116.8	116.1	100.2	93.1
中国	15.8	28.6	41.1	55.5	77.0
法国	89.5	86.1	79.3	77.2	75.8
意大利	89.9	87.3	85.5	77.8	70.3
土耳其	56.5	53.5	51.6	47.9	46.8
美国	31.7	38.3	37.8	38.6	41.9
阿根廷	20.6	18.8	21.2	21.8	22.7
伊朗	23.3	26.4	31.5	22.1	21.3
智利	11.4	16.5	17.9	20.0	19.8
葡萄牙	25.7	23.2	22.3	18.0	17.9
罗马尼亚	24.9	24.8	17.1	17.6	17.6
澳大利亚	6.2	11.1	15.3	16.4	13.8
摩尔多瓦	17.8	14.1	14.0	13.3	13.4
乌兹别克斯坦	9.5	9.9	9.9	10.1	12.5
南非	10.3	10.8	11.3	10.5	12.4
印度	4.0	4.0	6.1	10.6	11.9
希腊	12.7	12.5	12.6	9.9	11.1
德国	10.3	10.2	9.9	10.0	10.0
巴西	6.1	6.0	7.3	8.2	7.9
阿富汗	5.1	5.2	5.0	6.1	7.8

注：数据来源于FAO数据库。

量分别是1.01×10^9L和1.4×10^8L。关于葡萄酒的消费，2015年全球葡萄酒消费量稍有上升，约为2.4×10^9L。传统的葡萄酒消费国家的葡萄酒消费量继续呈下降趋势，消费重心逐步转向新的消费区域，最近15年的消费趋势表明，葡萄酒消费市场正在逐步向非生产国转移。美国是世界第一大葡萄酒消费国，总消费量为3.1×10^9L；消费量相对稳定的是意大利和西班牙，分别为2.05×10^9L和1×10^9L；法国的消费量相比2014年继续下降，为2.72×10^9L；而中国的消费量约为1.6×10^9L，较2014年稍有上升（亓桂梅，2016）。

近年来，世界鲜食葡萄总产量持续增加，从2010年的1682万t上升至2014年的2055万t，增长了22%。其中，中国的鲜食葡萄产量遥遥领先，主要归因于近年来南方地区避雨栽培的大面积推广，使鲜食葡萄产量迅速增加，导致鲜食葡萄产量在世界总产量的比重也持续增加，从2010年的36%增加到2014年的43%（表2）。

鲜食葡萄的最大消费国为中国，最大出口国为智利，2010—2014年世界鲜食葡萄消费量见表3。

葡萄干产量最大的国家为美国，其次为土耳其；消费最多的为欧盟，其次为美国，数据见表4、表5。

在当前经济全球化、命运一体化的大背景下，国家农产品之间的交流、贸易愈加深入，葡萄地区产业化必定越来越成熟，消费也必趋于稳定，葡萄作为第二大水果在世界范围内的发展将越来越好。

2. 我国葡萄的发展现状

中国是葡萄属植物的主要起源地之一，也是世界葡萄属植物种类最多，遗传资源最为丰富的国家之一。关于我国葡萄栽培的历史，据《本草纲目》记载："葡萄，《汉书》作蒲桃，可以造酒，人饮之，则然而醉，故有是名。其圆者名草龙珠，长者名马乳葡萄，白者名水晶葡萄，黑者名紫葡萄。《汉书》言：张骞使西域还，始得此种，而《神农本草》已有葡萄，则汉前陇西旧有，但未入关耳。"同样《史记·大宛列传》记载也认为，西汉时期张骞出使西域时将葡萄引入我国，我国才有了葡萄栽培。1984年在前西德召开的中西德葡萄学术讨论会上，费开伟、孔庆山据新疆尼雅遗址的考古成果证实我国开始栽培葡萄时间比张骞出使西域早，应该是在2300～2500年之前。诸多考古工作及文献证实我国栽培欧洲葡萄最早的地方是新疆塔里木盆地

表2 2010-2014年世界鲜食葡萄主产国的生产量　　　　　　　　　　　　　　　　（万t）

国家	2010	2011	2012	2013	2014
中国	620.0	660.0	740.0	808.5	900.0
印度	123.5	124.0	248.3	250.0	250.0
土耳其	215.0	220.0	220.0	220.0	192.0
欧盟	209.0	189.8	172.4	193.6	163.0
巴西	130.0	130.0	130.0	130.0	130.0
智利	121.5	117.5	119.5	105.5	120.5
美国	86.5	85.7	87.4	101.4	95.0
秘鲁	29.7	36.5	39.8	50.0	54.0
乌克兰	32.0	32.0	32.0	32.0	32.0
南非	26.0	28.6	30.2	28.0	30.0
其他	89.4	87.1	96.1	89.2	89.0
总计	1682.6	1711.1	1915.8	2008.2	2055.5

注：数据参考文献（亓桂梅，2015）。

表3 2010-2014年世界鲜食葡萄主产国的消费量　　　　　　　　　　　　　　　　（万t）

国家	2010	2011	2012	2013	2014
中国	623.0	664.4	743.6	821.2	916.0
印度	116.6	113.0	233.5	236.4	236.7
欧盟	251.4	234.5	213.4	235.3	204.0
土耳其	191.4	196.0	199.2	199.7	175.1
巴西	127.5	128.1	128.9	130.3	130.0
美国	111.8	104.4	108.4	111.9	111.5
俄罗斯	43.6	44.7	44.3	45.0	45.0
智利	36.1	36.3	33.9	32.5	38.0
乌克兰	35.9	36.0	36.4	35.3	35.2
南非	31.3	33.1	31.5	32.0	35.2
其他	89.9	95.3	100.0	98.2	95.9
总计	1658.6	1685.8	1873.2	1977.8	2019.7

注：数据参考文献（亓桂梅，2015）。

表4 2010-2014年世界葡萄干生产情况　　　　　　　　　　　　　　　　（万t）

国家	2010	2011	2012	2013	2014
美国	35.82	34.86	31.38	37.15	32.00
土耳其	25.00	25.00	31.00	24.26	31.00
中国	13.50	10.00	15.00	16.50	18.00
伊朗	14.70	15.00	18.00	16.00	16.00
智利	7.25	7.40	6.85	6.22	6.55
南非	2.35	3.79	4.60	4.60	5.00
阿富汗	3.40	3.20	2.67	3.43	3.60
阿根廷	3.40	3.15	3.20	2.45	3.30
乌兹别克斯坦	2.60	3.50	2.20	1.70	2.00
澳大利亚	0.74	1.34	1.25	1.00	1.00
其他	1.93	2.20	2.10	2.00	2.00
总计	110.68	109.44	118.25	115.31	120.45

注：数据参考文献（亓桂梅，2015）。

表5 2010—2014年世界葡萄干消费情况　　　　　　　　　　　　（万t）

国家	2010	2011	2012	2013	2014
欧盟	33.94	32.58	34.40	33.20	34.20
美国	20.86	21.56	20.39	22.68	22.00
中国	10.18	9.10	13.82	14.47	16.50
土耳其	4.32	3.59	4.71	6.00	7.00
澳大利亚	3.61	3.69	3.36	3.47	3.75
伊朗	2.45	2.82	3.03	2.93	3.50
加拿大	3.36	2.75	2.75	2.90	3.00
日本	2.93	2.95	2.98	3.00	3.00
俄罗斯	5.13	4.47	4.66	2.90	3.00
巴西	2.30	2.29	2.60	2.54	2.60
墨西哥	1.97	2.70	2.43	2.50	2.50
阿联酋	1.90	2.02	2.21	2.33	2.50
伊拉克	1.63	1.85	2.09	1.83	2.20
乌克兰	1.88	1.86	2.09	1.60	1.60
哈萨克斯坦	0.70	1.50	0.63	1.23	1.50
南非	0.78	1.34	1.42	1.13	1.30
印度	0.76	0.85	0.88	1.25	1.00
其他	7.86	7.25	7.93	7.89	8.37
总计	106.56	105.18	112.38	113.85	119.52

注：数据参考文献（亓桂梅，2015）。

西、南缘区域，内地葡萄引种和栽培始于西汉（孔庆山，2004）。

葡萄清凉多汁，甜酸爽口，营养丰富，深受人们喜爱。在我国葡萄已和苹果、柑橘、梨、香蕉一起并列成为五大果树之一。葡萄对土壤条件要求不严，经济寿命长达30年左右，早果易丰产，经济效益高而明显，是农民增加经济收入，脱贫致富的重要方式。我国葡萄栽培历史悠久，但基于历史等原因，1949年以前，我国葡萄栽培及酿酒规模不大，水平不高。1949年以后，特别是近20年来，我国葡萄产业总体一直处于上升之中，特别是鲜食葡萄产业始终呈持续增长趋势。目前我国葡萄发展现状如下：

（1）栽培广，产量升，种植区域南移西扩　我国葡萄栽培遍及全国，主要分布在新疆、河北、山东、辽宁、河南、浙江、江苏、陕西、安徽、广西、山西、四川、云南、吉林、宁夏、湖北等省（自治区）。传统栽培鲜食葡萄的省（自治区）有新疆、陕西、山西、山东、河北等地。历史上著名产地有新疆吐鲁番、和田，山东平度大泽山，河北宣化、昌黎凤凰山，山西清徐等。目前我国南方一些地区已经大规模种植鲜食葡萄。我国主要酿酒葡萄产区有山东烟台和青岛、河北怀来和昌黎、新疆

玛纳斯、宁夏贺兰及黄河故道、天津、甘肃武威等地区。近6年来，我国葡萄年产量动态情况见表6。

我国葡萄种植业自1996年开始大发展。农业部数据统计显示（图7）葡萄产量始终保持加速上升趋势，至2014年我国葡萄栽培面积达77.01万hm²，产量达1262.8万t，新疆、河北为全国最大两个葡萄主产区。2003—2006年期间葡萄栽培总面积保持不变，但产量继续攀升，产区间波动调整明显，主要是巨峰葡萄园被大面积刨除。21世纪后，南部和西部地区的葡萄栽培面积持续扩增，其中，南方地区鲜食葡萄种植面积持续扩大，除了主栽欧美杂交种，欧亚种葡萄栽培面积也随着避雨栽培的成功而上升（图8～图11）。

（2）鲜食葡萄占主导地位　鲜食葡萄占主导地位是我国葡萄产业发展的一个突出特点。葡萄是世界上加工比例最高、产业链最长、产品最多的果树。大多数欧美国家葡萄产业以葡萄酒为主，酿酒品种占80%，鲜食品种仅占10%，而我国恰好相反。我国近80%的葡萄用于鲜食，10%左右用于酿酒，其余为制干葡萄，较少其他加工产品。我国鲜食葡萄品种以欧美杂交种的巨峰系品种为主，其次是传统的欧亚种品种'玫瑰香'和'龙眼'，1980年后，'红地球''京亚'及各种无核葡萄品种如'克瑞森

表6　全国葡萄年产量动态　　　　　　　　　　　　　　　　　（万t）

年份	2010	2011	2012	2013	2014	2015
全国	854.8	906.7	1054.3	1154.9	1254.5	1367.0
新疆	196.6	175.5	209.1	223.9	231.6	275.6
河北	107.5	112.5	124.2	137.0	155.0	166.0
山东	95.8	98.5	105.0	112.5	118.6	121.2
辽宁	63.4	67.3	76.9	81.6	82.7	85.2
河南	48.4	50.1	55.2	55.7	58.4	63.8
浙江	42.6	52.7	60.6	65.9	72.1	76.1
江苏	33.2	39.2	48.6	51.4	58.7	63.2
陕西	32.2	36.4	46.5	60.7	59.5	63.1
安徽	26.1	25.9	31.6	35.8	39.6	46.2
广西	23.2	27.2	31.9	36.7	39.9	44.9
山西	22.0	25.9	25.8	20.7	22.6	26.6
四川	21.7	24.3	25.0	28.8	30.7	33.5
云南	20.6	35.6	54.3	65.9	80.5	85.2
吉林	15.3	14.2	14.8	14.8	15.7	16.4
宁夏	13.8	14.1	14.7	17.2	19.2	21.6
湖北	13.1	15.2	20.5	23.7	27.1	27.1
甘肃	12.8	12.5	22.8	25.9	29.4	31.8
天津	10.3	12.3	10.7	9.3	10.4	11.1
湖南	10.1	11.9	13.2	13.9	15.9	17.6
福建	10.0	11.2	12.8	14.4	15.3	16.9
上海	9.1	9.5	10.3	10.1	9.7	9.8
黑龙江	5.7	6.2	8.3	8.1	11.8	10.0
内蒙古	5.3	7.4	8.1	11.2	12.4	13.0
贵州	4.7	8.0	8.7	14.1	18.3	21.1
重庆	4.3	5.4	6.3	7.2	9.5	10.2
北京	4.2	4.2	4.1	3.7	3.4	3.3
江西	2.9	3.3	4.3	4.8	6.4	6.5
广东	—	—	—	—	—	—
海南	—	—	—	—	—	—
西藏	—	—	—	—	0.1	—
青海	—	—	—	—	—	—

注：数据来源于中国统计信息网。

无核’‘森田尼无核’‘皇家秋天’等发展较强。同期受世界范围"干红热"的影响，我国酿酒葡萄的引进和规模化发展又向前迈进了一大步，栽培品种主要为‘赤霞珠’，其次是‘蛇龙珠’‘美乐’‘霞多丽’‘贵人香’‘品丽珠’‘西拉’‘黑比诺’等。

(3) 葡萄酒工业集中发展，势头强劲　中国葡萄酒产区主要集中于北纬38°～53°之间的黄金带上，由东向西，梯次布局。目前，中国酿酒葡萄仅占葡萄栽培总面积的18%左右。区域化、基地化、良种化是我国正在发展的的方向，已形成昌黎产区（包括河北省的昌黎、卢龙、抚宁、青龙等地）、沙城产区（包括河北省的宣化、涿鹿、怀来等地）、天津产区（包括天津市的蓟县、汉沽区等）、宁夏贺兰山东麓产区（包括宁夏银川、青铜峡、石嘴山等市、红寺堡区等地）、胶东半岛产区（包括山东省的烟台、平度、蓬莱、龙口等地）、黄河故道产区（包括河南省的兰考、民权县，安徽的萧县以及苏北地地）、云南产区（包括云南省的弥勒、蒙自、东川和呈贡等地）、河西走廊产区（包括甘肃省的武威、民勤、古浪、张掖等地）、东北产区（包括

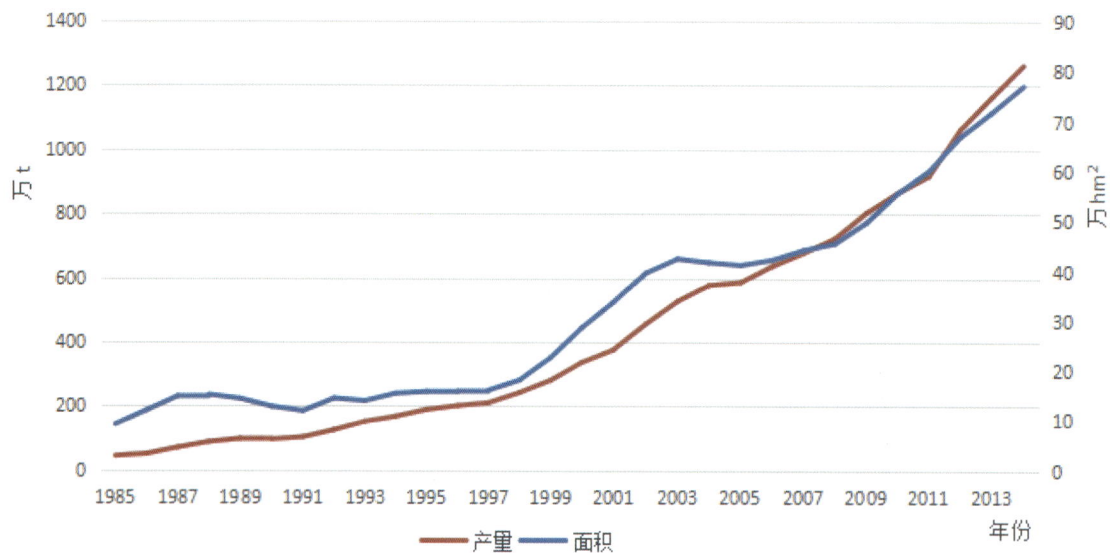

图7 中国葡萄栽培面积与产量变化趋势

图8 南方葡萄园棚架（徐小彪 供图）

图9 南方葡萄园规划（徐小彪 供图）

图10 南方葡萄园内部（吴胜 供图）

图11 南方葡萄大棚种植（吴胜 供图）

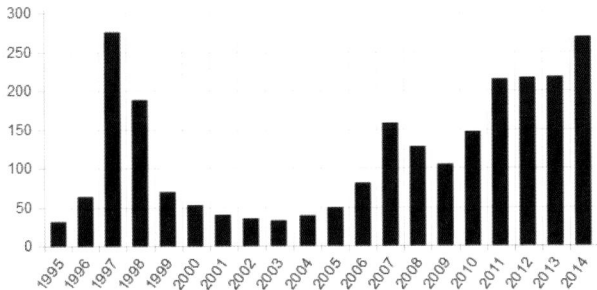

图12 葡萄酒出口量（单位：10^5L）

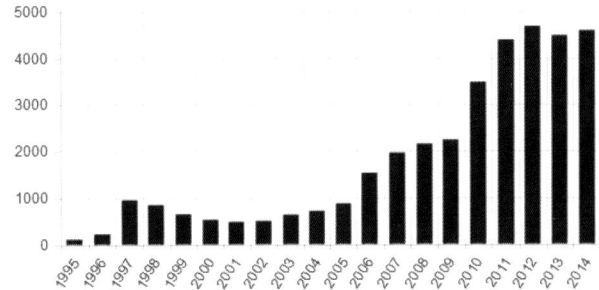

图13 葡萄酒进口量（单位：10^5L）

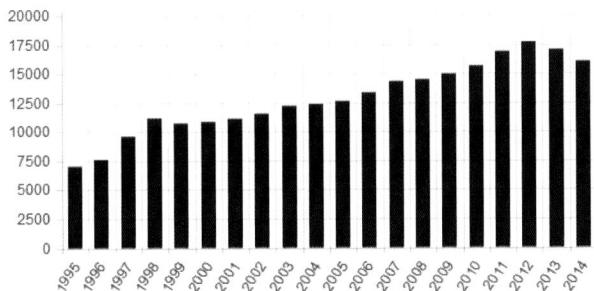

图14 葡萄酒消费量 （单位：10^5L）

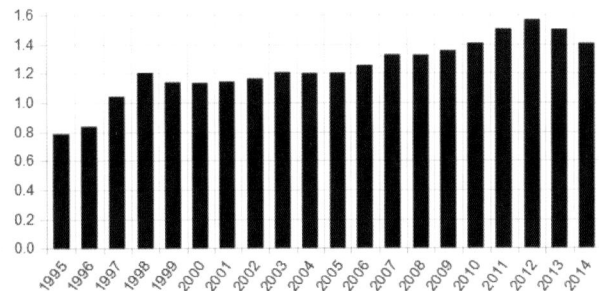

图15 葡萄酒人均消费量 （单位：L）

长白山麓和东北平原）、新疆产区（包括吐鲁番盆地的鄯善，玛纳斯平原和石河子地区等）十大产区，这些产区的气候和土壤差异很大，风格迥异。

据国际葡萄与葡萄酒组织（OIV）发布最新统计数据（图12～图14），近20年来中国葡萄酒进出口量及消费量整体处于上升的趋势，2012年中国人共计消费了17.7×10^9L葡萄酒，成为全球第五大葡萄酒消费国，前四名国家依次为：法国、美国、意大利、德国。2010年，世界人均葡萄酒消费量约为7L，我国人均消费量不足0.75L（图15），仅为世界平均水平的10.7%，从我国人均GDP持续上涨的趋势来看，我国葡萄酒消费潜在市场无疑是巨大的。葡萄酒是被市场所接受的一种流行元素；仅2009—2010年间，中国葡萄酒消费就增长了33.4%。综合全球28个葡萄酒生产国和114个消费市场的数据来看，中国是目前世界葡萄酒消费增长最快的国家，人均葡萄酒消费量排名已跻身全球前20强（张红梅等，2014）。随着人们消费水平的提高和生活观念的改变，葡萄酒已深入普通消费者的生活。葡萄酒质量稳步提高，产品向高端化、多样化方向发展，经济效益不断增长；国内葡萄酒消费市场也日渐成熟，消费者对葡萄酒的了解

越来越多，购买心态越来越自信开放。

（4）观光园迅速发展，葡萄果园休闲化 近年内，在全国各地开始兴起采摘观光园（图16～图19），这些采摘观光园多建在城市郊区、发达地区、交通相对方便的地方。随着人们的生活节奏加快，人们需要寻找休闲的去处放松心情、休养心身、解除疲劳。采摘观光园的建立正是迎合了这样的需求，深受欢迎。越是在富裕地区、城市郊区，采摘观光园越具有强大的生命力，消费者不仅可以品尝到香甜可口的葡萄果实，还能在田间放松身心。在今后相当长一段时间内，采摘观光园将持续发展。

（5）栽培技术体系改革滞后，外来生物入侵威胁现有栽培体制 目前，以手工操作为主的小葡萄园管理方式如施肥、灌溉、新梢管理、病虫害防治等方面与葡萄规模化栽培不相适应，如施肥、灌溉、新梢管理、病虫害防治及埋土防寒等方面，葡萄园机械化需求迫切与当前缺乏适宜设备器具、材料和相应的栽培管理技术相矛盾。随着生产资料价格上涨和人工成本不断增加，葡萄园投入大，风险高。施肥方法不科学导致土壤环境恶化；果园基础建设工作不全面，缺乏灌溉条件或粗放灌溉，干旱霜冻等自然灾害害频繁发生，防范无力；果园种植密度

图16　葡萄观光园休息区（吴胜　供图）

图17　葡萄休闲园一角（徐小彪　供图）

图19　葡萄休闲观光园长廊（徐小彪　供图）

普遍偏大，片面追求产量而忽视质量；繁杂的新梢管理技术耗时费工。

检疫性害虫葡萄根瘤蚜在一度沉寂之后卷土重来，严重威胁着我国以扦插繁殖建立的绝大部分葡萄园和大多数原生葡萄资源如刺葡萄、山葡萄等；葡萄病毒病如卷叶病毒已经在某些酿酒葡萄上造成巨大的损害，新的病毒、类病毒以及真菌、细菌病害入侵风险加大，在一些地区已出现征兆。现有栽培制度不但无法抵御根瘤蚜，而且对生态逆境如寒旱湿涝的抵抗能力较差，迫切需要改革现行苗木繁育体制，实施抗砧嫁接栽培。

(6) 产业化、组织化程度有待提高 葡萄是我国产业化经营程度较高的果树种类。目前，我国鲜食葡萄多呈现小规模种植、粗放管理的状况，导致产品质量参差不齐，在贮藏保鲜和冷链流通上也存在很大的困难。此外，市场营销能力较弱，大部分产区缺少规模性的协会组织或合作社，缺乏组织良好的产品销售网络，小生产和大市场的矛盾突出，抵御自然灾害和市场风险的能力较弱。葡萄酒产业已经开始出现酿酒葡萄原料基地化、良种化、管理企业化的商业运作机构和服务模式，但大多数酿酒葡萄园仍然由分散的小户经营，饱受市场价格大起大落之苦；市场结构还处在一个初级阶段，大多数企业生产规模小，标准化生产水平较低，无固定的原料基地，产品质量不稳定甚至较差，经营困难，生存空间狭小。

针对以上现状及问题，我国葡萄产业下一步地发展策略应为：①实施优势区域发展战略，增强市场竞争力；②科学规划主导产品及市场定位；③建立重大疫情预警体系，为产业健康发展保驾护航；④建立良种苗木抗性砧木嫁接和无病毒繁育体系，奠定产业发展基础；⑤建立现代化葡萄栽培技术体系，全面提高产业效益；⑥加强科技支撑和社会化服务体系建设，提高产业化水平（瞿衡，2007）。

四 优良葡萄品种介绍

1. 鲜食品种

(1) 早熟品种 '维多利亚''失富罗莎''香妃''贵妃玫瑰''奥古斯特''红巴拉多''早黑宝''夏黑'（图20）'京亚''郑州早玉'等。

图18 参观葡萄种植园（徐小彪 供图）

图20 '夏黑'（吴胜 供图）

图21 '阳光玫瑰'（吴胜 供图）

图22 '巨峰'（李晓鹏 供图）

图23 '巨玫瑰'（姜建福 供图）

图24 '金手指'（姜建福 供图）

图25 '红地球'（徐小彪 供图）

图26 '美人指'（姜建福 供图）

（2）中熟品种 '阳光玫瑰'（图21）'巨峰'（图22）'沪太8号''巨玫瑰'（图23）'里扎马特''醉金香''藤稔''金手指'（图24）'森田尼无核''翠峰'等。

（3）晚熟品种 '红地球'（图25）'魏可''意大利''比昂扣''摩尔多瓦''秋黑''圣诞玫瑰''美人指'（图26）'红宝石无核''瑞必尔'等。

2. 酿酒品种

（1）红葡萄酒品种 '赤霞珠''品丽珠''梅鹿辄''蛇龙珠'等。

（2）白葡萄酒品种 '雷司令''霞多丽'等。

3. 优良砧木品种

（1）引进砧木品种 '贝达''SO4''5BB'等。

（2）自主培育砧木品种 '抗砧3号''抗砧5号''华佳8号'等。

第二节
葡萄地方品种资源调查与收集的重要性

种质资源工作一直受到世界各国的重视，为了充分收集利用世界植物种质资源，1974年成立了"植物遗传资源国际委员会"，负责统筹协调世界性种质资源工作，其中设有果树专业部门。葡萄属植物种质资源极其丰富，野生资源遍布于世界各地。1982年，国际葡萄与葡萄酒组织提出一项决议，即在世界范围内收集和保存葡萄种质资源，标志着葡萄种质的收集与保存受到国际葡萄界的广泛关注和重视，使得葡萄种质收集保存工作在各国普遍开展起来（阮仕立，2001）。1983—1989年，意大利建立了两个葡萄属野生种资源圃，用于保存该国原产的欧洲种野生葡萄。20世纪70年代日本和美国也分别对本国的野生葡萄进行了收集和保存（李德燕，2008）。此外，在葡萄资源研究上应用现代分子生物学技术如测序、随机扩增多态、标记、遗传连锁图谱核型分析等，也为葡萄资源分类与保存利用开辟了新的捷径。德国Geilweilerhof葡萄育种研究所（Institute for Grapevine Breeding Geilweilerhof，Germany）于1983年开始从事葡萄种质资源收集工作，同时建立国际葡萄品种目录（Vitis International Variety Catalogue，VIVC）（表7），该数据库是目前世界上收录葡萄种质资源信息相对较全、数据更新频率较高的葡萄种质资源数据库。1996年就可以通过该数据库在线查询种质信息，此数据库也在不断更新和补充数据。数据库收集了来自45个国家的140个研究机构所保存种质的信息，截至2011年6月，共计收录42000余份次各国种质的信息。此数据库分为简单检索和高级检索，简单检索包含对种质的种名、系谱、保存单位、原产国和参考文献等信息的检索。其中参考文献包括从1827年至今的文献，检索结果由发表年份、题目、作者和文献来源组成。高级检索可对种质的护照信息、特征特性数据、分子标记信息、遗传资源监测和遗传育种等数据信息进行检索和查看，其中护照信息包括原名、果皮颜色、种质用途、原产国、系谱、是否用分子标记证明系谱、育种者、杂交年份、保存单位、种子发育状态和花器类型等信息。遗传资源监测（Genetic Resources Monitoring）是国际葡萄种质名录数据库的一大特色，这项功能的设置主要是方便科研工作者对已收集种质的详细数据做深层次的分析，并对只出现在一个收集点的珍稀种质资源采取监测、保护措施，为加强遗传基因的利用和葡萄种质多样性的保护提供了可靠的信息和条件，充分体现了保护稀缺资源和濒临灭绝种质工作的重要性，也体现了国际社会对葡萄种质多样性工作的重视。法国农业科学研究院附属网（Institut National de la Recherché Agronomique Domaine de vassal，INRA）收录了该国保存的来自40多个国家的超过7000份次种质信息，包括2300份次欧亚种、800份次种间杂种、230份次砧木、28份次野生种质和1000份次正在确定的种质等（2006年）。主要内容包括数据库介绍、种质收集、数据检索和联系方式等。该数据库有图片检索和基本信息检索两种检索方式。共有114份次种质的图片信息供查阅，可按来源国家、来源地区、种质名称、种质类型、图片部位、图片格式、拍摄日期或图像采集者进行检索。基本信息检索可对品种资源的代码、特征特性描述、别名、起源与历史、法国分布范围、全球分布范围、土壤、物候期、抗病虫性、产量、修剪方式和葡萄酒特点等进行检索。另外意大利、美国等国家也都建立了自己的葡萄种质资源数据库（田智硕，2012）。

我国是世界葡萄属植物主要起源中心之一。地

图27 葡萄种质资源的多样性（徐小彪 供图）

表7 国际葡萄品种名录中各国保存种质份数

国家	种质份数	国家	种质份数	国家	种质份数
德国	5814	加拿大	774	伊朗	212
意大利	4461	南非	642	塞浦路斯	212
法国	4461	阿根廷	609	克罗地亚	189
西班牙	2875	塞尔维亚	605	墨西哥	156
美国	2691	日本	590	突尼斯	140
匈牙利	2338	斯洛伐克	574	以色列	94
乌克兰	1879	澳大利亚	519	亚美尼亚	67
罗马尼亚	1793	瑞士	445	马其顿	63
俄罗斯	1290	摩尔多瓦	422	印尼	46
保加利亚	1271	奥地利	399	斯洛文尼亚	37
格鲁吉亚	1216	阿塞拜疆	388	委内瑞亚	34
土耳其	1049	新西兰	387	卢森堡	7
希腊	1035	中国	372	阿尔及利亚	5
巴西	911	印度	307		
捷克	800	黑山	235		

注：数据参考文献（田智硕，2012）。

质化石研究表明，山东省临朐县距今2600万年以前山旺第三纪中新世植物化石中就有秋葡萄的存在。我国也是世界葡萄属植物资源最为丰富的国家之一（图27），世界上已报道葡萄属真葡萄亚属植物的65个种中有29个种起源于我国，还有另外8个种估计也起源于中国。但长期以来，受历史性原因的影响，我国葡萄属野生种的调查和研究一直未能深入全面进行，直到1949年以后，我国宝贵的葡萄种质资源才逐渐被人们所认识。从1949年到70年代，通过全国范围的葡萄种质资源调查发现了一些葡萄属植物的新种。与国外相比，我国在野生葡萄种质资源的研究与利用方面起步较晚，研究相对较少。为了查明我国葡萄野生种质资源的分布情况，开展了大量的调查研究工作。早在20世纪50~60年代，我国部分科研单位即相继着手建立葡萄原始材料圃。1951年，原华北农业科学研究所开始调查、搜集并引种山葡萄优良类型，并用于选种和杂交育种。1952年，原东北农业科学研究所兴城园艺试验场在原有基础上建立了原始材料圃，到1965年，已保存品种200多个，同时开展了与东北山葡萄的杂交育种工作。1954年，中国科学院植物研究所北京植物园建立葡萄品种圃，同时开始收集保存葡萄野生资源材料。1960年，原中国农业科学院果树研究所郑州分所建立的葡萄原始材料圃保存有300余个品种，至1966年，保存葡萄品种近600个。1961年，中国农业科学院特产研究所结合山葡萄研究，建立了山葡萄品种资源圃。其他一些省（自治区、直辖市）的果树和葡萄科研单位也搜集保存了部分葡萄野生种种质材料。1978年，原西北农业大学开始系统搜集、研究中国葡萄属野生种，建立了收集保存中国野生葡萄种类最多的野生葡萄种质资源圃，保存我国野生葡萄20余个种和100余个变种株系。

在我国葡萄野生资源中，山西省丹凤县发现了极为珍贵的毛葡萄白色果实类型，它具有丰产、抗病、晚熟等特点。魏文娜（1991）和胡若冰（1986）等分别对湖南省和山东省的葡萄野生资源进行了调查。中国农业科学院果树研究所还专门组织对西藏野生果树资源的考察，首次了解到西藏高原野生葡萄的资源和分布状况。葡萄属约有70个种，目前调查到分布在我国的约有个42种和7个变种，其中有少量种用于生产或作为砧木，分布在除新疆外所有省（自治区、直辖市），但分布不均衡。南方如湖南、广西、江西和浙江等省、区是东亚种群野生葡萄分布种类多、蕴藏量大的主产区。其中，浙江有22个变种，湖南和广西各有17~18个变种，江西有11个变种。在南方葡萄属野生种中，又以毛葡萄分布最广、蕴藏量最丰富。20世纪90年代以来，广西农科院园艺研究所先后开展了葡萄属野生种调查、分类、远缘杂交品种改良和组培快繁

研究，成功选育出两性花毛葡萄改良新品种供生产应用。近半个世纪的调查研究结果充分显示，我国是世界葡萄属植物重要的起源中心和分布中心。中国葡萄种质资源研究成果和新种质的发掘填补了我国和世界葡萄种质资源库空缺。从20世纪70年代开始至80年代末，我国相继建成16个国家级果树种质资源圃。此外，我国各省（自治区、直辖市）果树、葡萄研究与教学单位结合科研、教学也相应建立有葡萄种质资源圃、品种资源圃（李德燕，2008）。鲜食葡萄为我国葡萄主要发展方向，其种质资源也十分丰富，我国主要鲜食葡萄种质资源见表8。

一 我国国家级葡萄种质资源圃建设现状

国家果树种质资源圃（National Friut Germplasm Repository）是国家建立或承认的负责收集、保存果树种质资源的机构。国家级葡萄种质资源圃对葡萄种质资源的收集、分类和保存比综合圃和地方圃更加严谨、规范；对葡萄种质资源的评价与鉴定更加科学、合理、准确；同时也为选育葡萄新品种提供了很好的平台（任国慧，2012）。我国现已建立了3个国家级葡萄种质资源圃，即中国农业科学院郑州果树研究所国家果树种质郑州葡萄圃、山西省农业科学院果树研究所国家果树种质太谷葡萄圃和中国农业科学院特产研究所吉林左家山葡萄圃；此外，还有部分综合圃和地方圃。

1. 中国农业科学院郑州果树研究所国家果树种质郑州葡萄圃

中国农业科学院郑州果树研究所国家果树种质郑州葡萄圃于1960年建造，1989年划为国家级资源圃。地理位置：北纬34°43'、东经113°39'。资源圃面积4.53hm²。圃地土壤类型：砂壤土。海拔：110.4m。气候条件：年平均气温14.2℃，绝对最高气温43.0℃，绝对最低气温-17.9℃，7~8月昼夜温差为9.0℃，≥10℃年有效积温为4667.1℃；全年平均相对湿度为66%；年平均降水量为636mm，7~8月降水量为270mm，占全年降水量的42.45%；年日照时效为2438小时；全年无霜期216天，初霜期为11月4日，终霜期为3月31日。2010年底保存葡萄种质资源1400余份。

该圃是国内保存葡萄种质最多的资源圃，也是世界上保存葡萄品种资源最为丰富的圃地之一，

共保存了1400余份葡萄种质资源，主要开展葡萄品种资源的收集、保存、鉴定、评价和创新工作，承担了20多项国家级课题，并获得多项科研成果及国家级荣誉。不仅选育出了一批葡萄新品种，如'超宝''郑果大无核''抗砧3号''抗砧5号''郑果25''郑果早红''11-43'等；还重点开展了葡萄种质资源的抗性鉴定工作，主要包括抗旱、抗寒、耐盐碱、抗石灰质、抗葡萄根瘤蚜、抗根结线虫等。多年来，该圃充分发挥资源优势，向科研院所提供了大量的科研材料，为生产单位设计了多个大型葡萄建园基地，同时供应了大量的优质葡萄品种和技术服务。

2. 山西省农业科学院果树研究所国家果树种质太谷葡萄圃

山西省农业科学院果树研究所国家果树种质太谷葡萄圃是我国"六五"期间建立的第一批国家级果树种质资源圃之一，在其发展过程中由于资金短缺、管理不善，导致资源丢失，发展滞后，目前该圃保存的葡萄种质资源较少。但随着技术的不断革新以及上级政府的大力支持，该圃至2010年底保存了鲜食品种、酿酒品种、无核制干品种、砧木资源、野生资源及中间材料等葡萄种质资源13个

表8 中国主要鲜食葡萄种质资源

编号	品种	种类	原产地	果实成熟期	果皮颜色	有无核
1	无核早红	欧美杂种	中国河北	7月中旬	红色	无核
2	碧香无核	欧亚种	中国吉林	7月中旬	黄绿色	无核
3	无核红宝石	欧亚种	美国加利福尼亚州	9月下旬	紫红色	无核
4	马丽欧	欧亚种	未知	7月下旬	紫红黑色	无核
5	夏黑	欧美杂种	日本	7月中下旬	紫黑色	无核
6	宇选四号	欧亚种	中国浙江	7月下旬	黄色	无核
7	奇妙无核	欧亚种	美国加利福尼亚州	8月中下旬	黑色	无核
8	紫地球	欧亚种	中国山东	9月上中旬	紫黑色	有核
9	黑玫瑰	欧亚种	美国加利福尼亚州	9月下旬	纯黑色	有核
10	京玉	欧亚种	中国	7月下旬	黄色	有核
11	维多利亚	欧亚种	罗马尼亚	7月下旬	黄绿色	有核
12	亚历山大	欧亚种	北非	7月底至8月中旬	绿黄色	有核
13	红萝莎里奥	欧亚种	日本	9月上旬	鲜红色	有核
14	意大利亚	欧亚种	意大利	9月下旬	绿黄色	有核
15	黑大粒	欧亚种	美国加利福尼亚州	8月下旬	黑紫色	有核
16	红高	欧亚种	日本	10月上旬	紫红色	有核
17	秋黑	欧亚种	美国	9月下旬至10月上旬	黑色	有核
18	香妃	欧亚种	中国北京	7月下旬	金黄色	有核
19	红乳	欧亚种	日本	9月中下旬	红至紫红色	有核
20	白罗莎里奥	欧亚种	日本	8月底至9月初	黄绿色	有核
21	巨玫瑰	欧美杂种	中国大连	8月中旬	深紫色	有核
22	美人指	欧美杂种	日本	9月中旬	先端紫红光亮	有核
23	玛斯卡特	欧亚种	中国上海	7月底至8月中旬	粉红色	有核
24	红提/红地球	欧亚种	美国加利福尼亚州	9月下旬	红色或紫红色	有核
25	黄蜜	欧亚种	日本	8月下旬至9月上旬	黄白色	有核
26	金手指	欧美杂种	日本	8月中旬	亮黄透明	有核
27	布勒西尔	欧亚种	巴西	8月上旬	紫红色	有核
28	奥古斯特	欧亚种	罗马尼亚	7月中旬	金黄色	有核
29	魏可	欧亚种	日本	8月下旬	紫红色	有核
30	巨峰	欧美杂种	日本	8月中旬	紫黑色	有核
31	峰后	欧美杂种	日本	9月上中旬	紫红色	有核
32	里查马特	欧洲种	俄罗斯	8月下旬	紫红色	有核
33	粉红亚都蜜	欧亚种	日本	7月中下旬	紫红至深红色	有核
34	郑州早玉	欧亚种	中国郑州	7月中旬	黄绿色	有核

（续）

编号	品种	种类	原产地	果实成熟期	果皮颜色	有无核
35	达米那	欧亚种	罗马尼亚	9月中下旬	紫红色	有核
36	秦龙大穗	欧亚种	中国河北	8月上中旬	紫红色	有核
37	甬优一号	欧美杂种	中国浙江	8月中下旬	紫黑色	有核
38	藤稔	欧美杂种	日本	8月上旬	紫黑色	有核
39	北醇	欧亚种	中国	8月底至9月上旬	紫黑色	有核
40	宇选一号	欧美杂种	中国浙江	7月上旬	浓黑色	有核
41	刺葡萄	东亚种	中国	8月中下旬	蓝黑色	有核
42	红富士	欧美杂种	日本	7月下旬至8月中旬	红色	有核
43	醉金香	欧美杂种	中国辽宁	8月中旬	黄色	有核
44	大独角兽	欧亚种	日本	9月上旬	紫色	有核
45	贵妃玫瑰	欧亚种	中国	7月中旬	黄色	有核
46	青提	欧亚种	美国加州	9月下旬	绿色	有核
47	红双味	欧亚种	英国	7月中旬	深红色	有核
48	香悦	欧美杂种	中国辽宁	9月上旬	蓝黑色	有核
49	高妻	欧美杂种	日本	8月中、下旬成熟	纯黑色	有核
50	紫珍香	欧美杂种	中国	7月中旬	蓝紫色	有核
51	早紫	欧亚种	日本	6月上旬	紫红色	有核
52	京亚	欧美杂种	中国	7月上旬	黑色	有核
53	蜜汁	欧美杂种	日本	7月中下旬	暗红色	有核
54	翠峰	欧美杂种	日本	6月下旬	紫黑色	无核
55	洛浦早生	欧美杂种	中国	7月中旬	紫红至紫黑色	有核
56	瑞必尔	欧亚种	美国	8月下旬	紫黑色	有核
57	大粒玫瑰香	欧亚种	英国	8月下旬至9月上旬	鲜红色	有核
58	黑色甜菜	欧美杂种	日本	7月中旬	青黑至紫黑色	有核

注：数据来源于（廖素凤，2011）

种（或变种、杂交种），共计430多份材料。同时还培育了一批如'早黑宝''秋黑宝''秋红宝''早康宝''丽红宝'等鲜食葡萄新品种，其中'早黑宝''秋黑宝'为欧亚种四倍体新品种，为种质资源创新利用做出了突出贡献。太谷葡萄圃收集资源68份，完成共性数据整理321份、特性数据整理189份，建立了太谷葡萄圃数据库，提供资源利用60余份（合计3000余份次）。2005年再次受农业部委托，建立了太谷枣、葡萄国家野外科学观测研究站。

3. 中国农业科学院特产研究所吉林左家山葡萄圃

中国农业科学院特产研究所吉林左家山葡萄圃是当前世界上保存山葡萄种质资源份数最多、面积最大的种质资源圃，共有东亚种群的山葡萄365份。山葡萄是抗寒、抗病的宝贵种质资源，除我国外世界上仅前苏联进行了较系统的研究。从20世纪50年代起，我国开始对山葡萄进行系统的研究和开发，目前在山葡萄抗寒品种、酿造品种培育和性状遗传方面取得了一系列的研究成果。在种质资源选育、栽培技术及组织培养方面也取得了显著进展，如

'双庆''左山一''左山二''双优''双丰'等一批优良品种已初步形成了规模栽培。还利用山葡萄与欧亚种葡萄进行种间杂交，培育出了'左红一'等抗寒和酿酒葡萄新品种。该圃先后为国内外18家生产、科研系统提供亲本、引种服务143次，做出了巨大贡献。

二　我国葡萄种质资源存在的问题

1. 树种收集保存的力度不够

我国在对葡萄种质资源的研究、利用上开始的较早，也取得了一定成绩，但仍然存在很大的问题，其他国家种质保存主要是通过从国外引进，我国在这方面较其他国家而言力度还不够大（温景辉，2011）。日本特别重视从国外引进收集和保存利用种质资源。虽然本国国土面积小，物种资源的种类和数量也相对较少，但其葡萄种质资源保存量在世界上名列前茅。其85%的种质资源都是从其他国家引进保存的。又如俄罗斯、意大利、巴西等

国。俄罗斯60%的种质资源来源于国外。意大利现收集、保存有落叶果树的种质资源17377份，其中60%以上是从其他国家引进、保存的。对于巴西而言，该国并非主要落叶果树的原产地，但仍存有落叶果树种质资源6238份，其中葡萄1986份。收集保存世界各地的种质资源是育种科研工作的基础。与这些国家相比，我国相关科研单位应更加深入的开展多种种质资源的调查收集和保存利用工作，尤其是对于生长在高纬度、高海拔地区的种质资源，重点挖掘具有优异性状的种质并加以充分利用。

2. 资源管理缺乏系统性、长远性

我国资源研究人员研究领域相对单一，多为栽培、育种方向，缺乏资源基础学科人才，资源管理并不全面，缺乏资源共享。还需加强在资源利用共享体制、资源保存者和利用者之间的交流和合作，合理的保存和利用收集的种质资源，使得资源管理具有系统性、长远性。

3. 资源收集保存缺乏结构性

目前我国收集保存的种质资源的种类、数量与其他国家相比尚有较大的差距。这与我国对于果树种质资源的重要性认识较晚，收集、保存的起步较晚有直接的联系，另外加上投入的科研经费相对较少、管理体系不完善也导致了这一差距的产生和加大。首先，在种质资源种类的保存方面，我国资源保存圃是按照种类而非生态区域划分，在某种程度上限制了种质资源收集与保存的种类和数量。其次，我国资源圃地保存的种质资源大部分是生产上的栽培种，对于野生种质资源的收集保存较少。另外，目前我国统计保存的种质资源数目中存在一定的重复，在保存方式方面上基础设施较差，保存方式相对单一，一般采用田间保存法，维护更新所需的人力、物力耗资较大。国外经常采取多种途径进行保存，其中以异地保存为主原生境保存为辅，另外，种质资源的离体保存和低温保存也已开始成功应用。目前我国种质资源多种途径保存方面尚处于研究摸索阶段。

4. 我国植物检疫制度不严，种质资源的保存危机巨大

种质资源的检疫制度是种质安全保存的根本，种质资源圃必须与相关植物检疫部门密切合作，以保证所引入的种质不携带任何已知的病毒以及病虫害。美国任何一份种质的引入一般需要经历3年时间才能进入种质圃进行保存，而目前我国种质资源圃从国外引种的检疫，仅仅是通过海关进行外部检测，不能彻底检测到携带的病毒及其他潜在病虫害。此外，我国资源圃的隔离设施也不健全，缺乏成熟的检测方法和相关仪器设备等。

5. 评价手段落后

我国种质鉴定评价以种质的植物学和生物学特性的田间观察为主，缺乏基础性、深层次的资源多样性评价，评价手段落后。在20世纪50~60年代，我国野生葡萄种质资源的鉴定和评价工作主要集中在山葡萄等有限几个种类的观测研究上。此后，中国农业科学院特产研究所、中国科学院植物研究所、北京植物园、中国农业科学院果树研究所、吉林农业大学园艺系等科研、教学单位开展了东北山葡萄和华北地区葡萄野生种的种质资源调查、收集和评价工作，并取得了显著成效。我国应在坚持传统评价内容的基础上，对种质的优异性状加快评价与研究利用步伐（温景辉，2011）。

随着时代的发展和科研、育种工作的深入，种质资源调查的要求也发生了较大的变化。育种专家们逐渐认识到现有栽培品种的遗传育种体系相对封闭，遗传多样性受制于其祖先亲本，遗传背景极为狭窄，育种性状提高的空间越来越小，亟需引入新的优异基因资源。地方品种因为积累了丰富的优良变异，且本身综合性状较好，逐渐成为新形势下育种家们迫切需要了解的资源。因此，为了保护和收集这些长期累积下来的优良地方品种果树资源，进行系统的调查迫在眉睫。

第三节
葡萄地方品种调查与收集思路和方法

根据果树种质资源野外调查的一般方法和手段，我们制定了一套符合葡萄地方品种调查和收集的技术路线，以期在最短时间内最大程度的收集所有有效的信息。相较于以前的调查与收集，此次工作在相关部门的支持下条件有了很大的改善。由于以前科技水平和财务交通等条件的限制，资源考察工作效果受到极大影响。电子设备的缺乏及落后，野外资源考察工作无法留下足够的图像资料，即使有图像资料的，其色彩、清晰度等各方面也存在许多失真的地方。而且，当时没有GPS导航设备，一些有关资源地域分布的描述并不确切；一旦地理环境发生变化，往往无法对该地区的资源进行回访调查。针对以前调查的技术水平和工具的不足，我们都一一做了弥补。葡萄地方品种资源分布广泛，需要了解和掌握的信息较多，因此我们制定了如下工作流程。

一 调查我国葡萄地方品种的地域分布、产业和生存现状

通过收集网络信息、查阅文献资料等途径，从文字信息上掌握我国主要落叶果树优势产区的地域分布，确定今后科学调查的区域和范围，做好前期的案头准备工作。实地走访主要落叶果树种植地区，科学调查主要落叶果树的优势产区区域分布、历史演变、栽培面积、地方品种的种类和数量、产业利用状况和生存现状等情况，最终形成一套系统的相关科学调查分析报告。

二 初步调查和评价我国葡萄地方品种资源的原生境状况、植物学特征、生态适应性和重要农艺性状

对我国葡萄优势产区地方品种资源分布区域进行原生境实地调查和GPS定位等，评价原生境生存现状，调查相关植物学性状、生态适应性、栽培性能和果实品质等主要农艺性状（文字、特征数据和图片），对葡萄优良地方品种资源进行初步评价、收集和保存。这项工作意义重大，可以形成高质量的葡萄地方品种图谱、全国分布图和GIS资源分布及保护信息管理系统。

三 采集和制作葡萄地方品种的图片、图表、标本资料

由于以前交通设施较差，葡萄等资源调查工作受到限制。当时公路、铁路系统不完善、交通工具落后，许多偏远地区考察组无法到达，无法进行详细考察。而现在，公路、铁路和航空交通都有了巨大的发展，给考察工作创造了很好的条件，使考察组可以深入过去不能够到达的地方，从而更进一步的发现、收集并保存更多的地方品种资源。我们每次调查时对叶、枝、花、果等性状进行不同物候期进行调查，记载其生境信息、植物学信息、果实信息（图28～图33），且对其品质进行评价，按葡萄种质资源调查表格进行记载，制作浸渍或腊叶标本。根据需要对果实进行果品成分的分析。

（四）鉴别葡萄地方品种遗传型和环境表型

加强对葡萄主要生态区具有丰产、优质、抗逆等主要性状资源的收集保存，针对恶劣环境条件下的葡萄地方品种进行考察收集，注重对工矿区、城乡结合部、旧城区等地濒危和可能灭绝的地方品种资源的收集保存，以及葡萄地方品种优良变异株系的收集保存，并在郑州地区建立国家主要落叶果树地方品种资源圃，用于集中收集、保存和评价特异葡萄地方品种资源，以确保收集到的果树地方品种资源得到有效地保护。初步观察和评估已收集到资源圃的葡萄地方品种，鉴别"同名异物"和"同物异名"现象。着重对同一地方品种的不同类型（可能为同一遗传型的环境表型）进行观察，并借助有关仪器进行鉴定分析。

在对葡萄地方品种的调查过程中，我们发现，由于当地社会经济情况发生了翻天覆地的变化，葡萄地方品种的生存状况也随之变化。随着经济的发展，城镇化进程的加快，葡萄果树产业向着良种化、商品化方向发展，葡萄地方品种的生存空间和优势地位正加速丧失，导致地方品种因为各种原因急速消失，濒临灭绝，许多葡萄地方品种现在已经无法寻见。通过此项工作，一方面能够了解我国葡萄地方果树生产现状，解决其生产中的各种问题；另一方面也为收集和保存大量自然产生的葡萄地方品种资源，丰富我国葡萄种质资源库，为选育优良葡萄品种提供更多优异原始材料。对我国优势产区葡萄地方品种资源进行调查和收集，可以在有限的时间和资源配置下，快速有效地了解和收集到最多的葡萄资源。

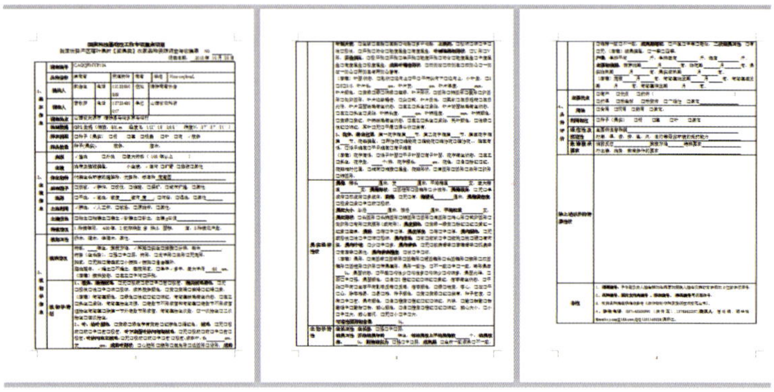

图28 葡萄地方品种植物信息记载表

图29 采集样品（曹秋芬 供图）

图30 数据测量 （姜建福 供图）

图31 拍照记录（曹秋芬 供图）

图32 可溶性固形物测定（姜建福 供图）

图33 实地走访（姜建福 供图）

第四节
我国葡萄地方品种的区域分布

我国葡萄的栽培历史悠久，栽培面积大。地方品种同样分布广泛，在内蒙古、北京、河北、河南、湖北、湖南、新疆、山西等省（自治区、直辖市）均有分布（刘崇怀，2012）。

一 我国葡萄的优势产区

在最适宜的栽培区域栽培，葡萄才能体现出优良的性能，产品才具有竞争力。从国家宏观角度来讲，在优势产区要加大规模、重点扶持，在非优势产区可适当发展，就近供应市场。目前，我国存在7个葡萄优势产区（孔庆山，2004），即东北中北部产区、西北产区、黄土高原产区、环渤海湾产区、黄河故道产区、南方产区和云贵川高原半湿润区。

1. 东北中北部产区

东北中北部产区含吉林、黑龙江省，栽培面积和产量约占全国总量的3.0%和2.4%。属寒冷半湿润、湿润气候区。该区为欧美杂种次适区，山葡萄及山欧杂种适宜区或次适区，该区年均温多数地区<7℃，活动积温<3000℃，多数地区冬季极低温在-30℃以下，年均降水量300~1000mm，由西向东逐渐增高。该区气候冷凉，冬季严寒需重度埋土防寒，或实行保护地栽培，活动积温不足和生育期短限制了葡萄的发展，只能栽培早中熟品种。较适宜发展的有'特早玫瑰''紫玉''紫珍香''京亚''乍娜''凤凰51''京秀''奥古斯特''87-1''碧香无核'等早中熟葡萄品种以及'巨玫瑰''藤稔''香红''香悦''巨峰'等中晚熟葡萄品种。

东北产区种植葡萄必须使用抗寒砧木嫁接苗，砧木有山葡萄、贝达、山贝以及部分山欧杂种品种，事实证明，绿枝嫁接苗的抗寒砧段较长，比硬枝嫁接苗的越冬性更好，已逐渐成为嫁接苗的主体。

2. 西北产区

西北干旱半干旱葡萄产区包括新疆、甘肃、青海、宁夏、内蒙古5省（自治区），栽培面积和产量约占全国总量的27.4%和24.19%。属干旱和半干旱气候区，主要靠河水、雪水灌溉栽培葡萄。其中新疆是我国葡萄生产第一大省（自治区），栽培面积和产量约占全国总量的22.3%和21.19%，主要品种是制干葡萄'无核白'（占80%），还有'无核白鸡心''蜜丽莎无核''黎明无核''里扎马特''红提''秋黑''红高'等鲜食葡萄和'赤霞珠''品丽珠''梅鹿特''黑比诺''霞多丽''雷司令''贵人香'等酿酒葡萄，鄯善县和吐鲁番县的葡萄酿酒业发展迅速。南疆产区包括和田、喀什、阿克苏、阿图什等地区，主栽品种有'和田红''红堤''秋黑''红高''圣诞玫瑰''意大利'等。北疆产区包括石河子、奎屯、乌苏、精河、乌鲁木齐、昌吉、克拉玛依及伊犁地区，适宜发展早、中熟品种，鲜食葡萄有'喀什喀尔''香葡萄''玫瑰香''粉红太妃''里扎马特''巨峰'等，酿酒葡萄有'品丽珠''梅鹿特''黑比诺''贵人香''雷司令''霞多丽'等。甘肃、青海、宁夏、内蒙古4省（自治区）的葡萄栽培面积和产量约占全国总量的5.01%和2.2%，除陇东高原和陇南地区有温带到亚热带气候特点外，其他地区的葡萄栽培均采用抗寒砧木，冬季需要埋土防寒，主要品种有'乍娜''里扎马特''京超''红地球''巨峰''龙眼''马奶''无核白''瑞必尔''无核白鸡心''红宝石无核'等鲜食葡萄和'贵人香''雷司令''黑比诺''法国兰''佳里酿'等酿酒葡萄（图34~图44）。

图34 新疆葡萄结果状况（徐小彪 供图）

图35 新疆葡萄园廊架（徐小彪 供图）

图36 新疆葡萄园一角（徐小彪 供图）

图38 新疆千米葡萄长廊（徐小彪 供图）

图39 新疆葡萄园丰收盛况一（曹秋芬 供图）

图40　新疆葡萄园丰收盛况二（曹秋芬　供图）

图41　新疆葡萄园丰收盛况三（曹秋芬　供图）

图37　新疆葡萄长廊（徐小彪　供图）

图42 新疆葡萄园丰收盛况四（曹秋芬 供图）

图43 新疆葡萄结果状（曹秋芬 供图）

图44 红柳河园艺场葡萄园（曹秋芬 供图）

3. 黄土高原产区

黄土高原产区包括陕西省及山西省，栽培面积和产量约占全国总量的6.5％和4.0％，该产区除汉中地区属北亚热带湿润区外，大部分属暖温带和中温带半湿润区，少数地区属半干旱地区。活动积温3000~4500℃，年均降水量300~700mm，北部偏少，南部偏多。这里是我国最古老的葡萄产区之一。据史料，张骞出使西域，首先将欧亚种葡萄引进陕西。山西清徐（图45~图47）、陕西榆林是国内闻名的葡萄老产区。较大的纬度跨度和地势、地形的多样性，使得各栽培种、品种群的品种都可以在黄土高原种植。主要品种有'巨峰''藤稔''乍娜''里扎马特''粉红太妃''玫瑰香''无核白鸡心''红提''黑大粒''红高''香悦''巨玫瑰''夕阳红''红意大利''瑞必尔'等。

4. 环渤海湾产区

环渤海湾产区系指环渤海湾各省市，包括辽宁省的沈阳、鞍山、营口、大连、锦州、葫芦岛地区，河北省的张家口、唐山、秦皇岛、沧州、廊坊、石家庄地区，山东省的烟台、青岛地区，北京

图45~图47 山西葡萄园秋季景观（曹秋芬 供图）

市的延庆、通州、顺义、大兴区和天津市的汉沽区，是我国最大的葡萄产区，栽培面积和产量约占全国总量的36.2%和44.0%。该区多为暖温带半湿润区，少数地区为中温带半干旱区和半湿润区。该区为欧美杂种品种栽植适宜区，部分地区为欧亚种栽培适宜区。主要产区无霜期在180天以上，活动积温3500~4500℃，7月平均气温23~27℃，年均降水量500~800mm，7~8月为降水高峰期，7月多超过150mm。在渤海湾地区，'巨峰'是最广泛栽培的鲜食品种，占该区鲜食葡萄总面积的60%~70%，其他品种有'龙眼''玫瑰香''巨峰''红地球''秋黑''牛奶''里扎马特''京亚''康太''紫珍香''香悦''巨玫瑰''夕阳红''奥古斯特''玫瑰香''特早玫瑰''乍娜''意大利''无核白鸡心''87-1''凤凰51''普列文玫瑰'等。

　　环渤海湾产区是我国最早的现代葡萄酒产地，也是我国最大的葡萄酒酿制基地。在山东烟台，于1892年创建了我国第一家葡萄酒厂——张裕葡萄酿酒公司（图48）。目前，该区葡萄酒产量占全国的70%左右，全国最大的张裕及长城（图49）、王朝（图50）、华夏、威龙等葡萄酒厂都在此产区。葡萄酒原料基地主要集中在山东省和河北省，其次是天津市、北京市。环渤海湾产区为我国首次引入一大批欧亚种的世界著名酿酒品种，无论是世界酿酒名种和优系、无毒系的引进，还是先进工艺设备的引进与发展，也几乎是从该产区开始的。环渤海湾葡萄产区也是葡萄发展最快的地区之一。

5. 黄河故道产区

　　黄河故道产区包括河南、山东省鲁西南地区、江苏北部和安微北部，栽培面积产量约占全国总量的10.9%和12.6%。除河南南阳盆地属亚热带湿润区外，均属暖温带半湿润区，无霜期200~220天，活动积温4000~5000℃，7月平均气温27℃左右，年

图48 张裕葡萄酒

图49 长城葡萄酒

图50 王朝葡萄酒

均降水量600~900mm。主要鲜食葡萄品种有'秋黑''瑞必尔''黑大粒'等，制汁葡萄品种有'康可''郑果25号''康拜尔'等，酿酒葡萄品种有'佳里酿''白羽''赤霞珠''贵人香'等。

　　鲁西南的济宁、枣庄地区，苏北的连云港、宿迁、徐州地区，皖北的肖县、淮北、阜阳地区及河南的周口、漯河、驻马店地区，年均降水量多在800mm左右或以上，部分地区达1000mm左右。许昌及豫西山地以北的河南省中部，包括开封、郑州、许昌、洛阳、三门峡等地区，降水量少于苏北、皖北地区，年均降水量600~800mm，豫东地区稍多。此区为欧美杂种及部分欧亚种品种的适宜栽培区，冬季无需埋土

防寒，可开垦利用的黄河故道土地面积较大。

6.南方产区

南方产区为长江中下游以南的亚热带、热带湿润区，包括安徽、江苏、浙江、上海、重庆、湖北、湖南、江西、福建、广西、云南、贵州、四川、台湾等省（直辖市）的大部分地区，产量约占全国总量的33.5%。为美洲种和欧美杂种品种次适宜区或特殊栽培区，以巨峰为主，栽培面积占90%以上。其他品种有'藤稔''先锋''康太''京超''红瑞宝''吉香''希姆劳德''黄意大利''圣诞玫瑰''瑞必尔''黑大粒''美人指''潘诺尼亚''乍娜''8611'等。

以南岭为北界，西经桂中、滇南到中缅边界，包括闽南、滇南及广东、广西大部、海南及台湾，属热带及南亚热带湿润区，活动积温6000～9000℃，无霜期335天以上，年均降水量1500mm以上。东部沿海、海南西南沿海降水稍少，约1200mm左右，全年日照时数1800～2200小时。在南部地区，葡萄无明显休眠期，可全年生长，冬季低温可勉强满足欧美杂种品种越冬要求，但普遍表现春季萌芽率低。高温多湿及台风危害是葡萄发展的主要气候障碍。

长江中下游的上海、南京、合肥、武汉及以南地区，四川盆地成都、重庆一线以南的亚热带地区，包括我国除云贵川高原少数半湿润区以外的广大地区属中亚热带、北亚热带湿润区，活动积温4500～6500℃，无霜期220～325天；年均降水量1000～1500mm，除东部沿海地区，生长期普遍阴雨天较多，年日照时数一般1700小时左右，较少地区只有1100～1300小时。长江中下游及长江三角洲是我国南方经济最发达的地区之一，也是我国亚热带湿润区鲜食葡萄栽培面积最大的地区。

7.云贵川高原半湿润区

云贵川高原半湿润区包括云南省的昆明、楚雄、大理、玉溪、曲靖、红河州等地区，贵州的西北河谷地区，四川省西部马尔康以南、雅江、小金、茂县、里县和巴塘等西部高原河谷地区，栽培面积和产量约占全国总量的5.0%和3.4%。该区气候垂直分布，差异较大。多数地区无霜期200～300天，活动积温3000～5000℃，7月平均气温20℃左右，年均降水量500～800mm，个别地区虽雨水稍多，但阵雨天气较多，云雾少，少数地区年均降水量只有300～400mm，属半干旱区。年日照时数多在2000小时以上。适宜栽培欧美杂种及欧亚种品种，果色艳丽，香味浓郁。主要鲜食葡萄品种有'凤凰51''乍娜''无核白鸡心''玫瑰香''巨峰'等，酿酒葡萄品种有'梅鹿特''赤霞珠''霞多丽''白玉霓'等。

由于受太平洋和印度洋气流影响，这里四季变化不明显，而干湿季分明，11月至翌年4月为旱季，个别地方旱季延迟至6月。在红河州发展早熟品种具有很大的市场优势和气候比较优势，无核的'希姆劳德'，在红河州5月中下旬即可成熟，'乍娜'于5月下旬成熟，均在雨季来临之前。所产葡萄远销武汉、上海等大城市，深受消费者欢迎。

二 我国葡萄地方品种优势分布区

1. 新疆葡萄地方品种分布区

新疆地处欧亚大陆腹地，具有丰富的水土光热资源和迥异的地理气候环境，正是如此，造就了新疆葡萄质地优良、种类多样。疏松、通气好的砾质壤土和砂质壤土是葡萄栽培最适宜的土质。在新疆塔里木和准噶尔两大盆地周边，土地平坦，易于灌溉；土层深厚疏松，多为壤土和砂壤土，丰富的土地资源和适宜的土壤条件是新疆发展葡萄产业的基础。目前，新疆葡萄有600多个品种，品种资源十分丰富。大部分葡萄属欧亚种，具有穗大、粒大、外形美观、含糖量高、丰产、耐贮性较强等特点。现在新疆有一定栽培面积的品种接近20个，鲜食品种有'京早晶''巨峰''无核红''无核紫''牛奶''红地球''和田红'（图51）'木拉格'等；酿酒品种有'霞多丽''白诗南''白玉霓''黑比诺''西拉''赤霞珠''雷司令'等；制干品种有'喀什喀尔'（图52）'索索'（图53）；制罐品种有'粉红太妃'；而'无核白'兼具鲜食与制干（蒲胜海，2013）。

新疆跨越北纬34°25'～48°10'，地处地球上发展葡萄的黄金地带。新疆有着充足的光照资源，太阳辐射总量全年为5000～6490MJ/m²，仅次于青藏高原；年日照时数达2550～3500小时，作物生长季（4～9月）日照可达1500～1950小时，无霜期150～240天，均居全国首位。在葡萄生长季节中，白天日照时间长，日照百分率高，非常有助于葡萄进行光合作用。新疆天山以南地区≥10℃的年有效积温3800～4660℃，东疆地区为4050～5400℃，北疆为2800~3500℃，可以满足不同葡萄品种对热量的需要。另外全疆气温温差较大，年均日温差为14~16℃，有利于提高葡萄的品质和产量。由此可见，新疆的气候条件十分适宜葡萄种植。

伊宁县地处新疆伊犁哈萨克自治州中部，是伊犁哈萨克自治州设置最久、屯垦最早、人口最多的农牧业大县。该县属温带荒漠气候，冬春比较温和湿润，夏秋温暖较干燥，年平均气温10.6℃，年最高气温35.8℃，年平均日照时数2792.7小时，≥10℃年有效积温3621.2℃（近10年平均值）。四季比较明显，昼夜温差大，独特的气候条件有利于果品糖分的积累和品质的提高。伊宁县主要栽培葡萄品种为'红地球'。伊犁河谷栽培'红地球'始于1998年，现今是我国最大的'红地球'葡萄种植基地。伊宁县'红地球'葡萄种植自1999年开始发展至2015年，面积逐渐发展至3140.0hm²。除此之外，伊宁县地方品种资源也极其丰富，如'木纳格'（图54）'红无籽露'（图55）'白哈什哈尔'（图56）'卡拉恰拉斯''克里米斯克''库尔班''西维尔汉'等品种。

2. 河北葡萄地方品种分布区

河北省葡萄种植最早开始于张家口的涿鹿县和怀来县，已有1000多年的种植历史，秦皇岛的昌黎县葡萄栽培历史已有400余年，张家口是中外专家一致认可的中国最适合红酒葡萄栽培的地区。随着葡萄种植技术的不断完善和人民生活水平提高及对鲜食葡萄和葡萄酒消费需求的增加，葡萄的种植面积和产量也在逐年增加。

河北省地处北纬36°05"~42°37'，东经113°11'~119°45'，位于华北平原。地貌复杂多样，高原、山地、丘陵、盆地、平原类型齐全。河北省气候属于温带大陆性季风气候，四季分明，全年平均气温-0.5~14.2℃，热源充沛，年日照时数2355~3062小时，坝上、北部山区和渤海沿岸，是河北省稳定的多日照区。年无霜期120~240天，年均降水量300~800mm，降雨主要集中在7、8月份。河北省各地均有葡萄种植，根据气候条件和地理位置可分为3个产区，即张家口的怀涿盆地、燕山南麓的唐秦以及冀中南产区。①怀涿盆地产

图51 '和田红'（曹尚银 供图） 图52 '喀什喀尔'（曹尚银 供图） 图53 '索索'（曹尚银 供图）

图54 '木纳格'（曹尚银 供图） 图55 '红无籽露'（曹尚银 供图） 图56 '白哈什哈尔'（曹尚银 供图）

图57 昌黎葡萄沟生境（孙海生 供图）

区。"怀涿盆地"位于北纬40°04'～40°35'，东径
115°16'～115°58'，地域含部分丘陵地区和河川区，
地形地貌类型复杂，海拔394～1978m。该地区属干
旱、半干旱大陆性季风气候。年平均气温为8℃，
昼夜温差大，生长季节平均温度12.5℃，年日照时
数长达3000小时以上，年均降水量420～480mm，
无霜期为120～160天。该区主要分布在张家口地
区，是我国优质葡萄产区之一。主栽品种有'龙
眼''牛奶''红地球''赤霞珠''梅露辄''龙蛇
珠''霞多丽'。②燕山南麓唐秦产区。燕山南麓
产区位于河北省东北部，东经115°55'～119°51'，
北纬38°55'～42°40'，主要分布在唐山、秦皇岛和
承德，是河北省多雨地带之一。产区内地形地貌多
样，其中承德地区以山地和丘陵为主。该产区可分
2个气候类型：唐山和秦皇岛地区为暖温带半湿润
大陆性季风气候，年平均气温12℃左右，年均降
水量700mm左右，无霜期175～190天；承德地区
为半湿润半干旱大陆性季风型气候，年平均气温
8.9℃，年日照时数2600～2700小时，年均降水量
450～850mm，无霜期127～155天。燕山南麓产区主
栽品种有'玫瑰香''巨峰''龙眼''红地球''克瑞
森无核''赤霞珠'和'龙蛇珠'。③冀中南产区。
该产区位于河北省南部，东经113°30'～117°58'，北
纬36°21'～40°05'，包括沧州、邢台、廊坊、邯郸、
衡水、保定和石家庄。该产区地貌类型以中山、低

图58 '昌黎玫瑰香'老树（孙海生 供图）

山、丘陵、平原为主，属暖温带大陆性季风气候，
年平均气温11.9℃，年日照时数1900～2714小时，
年均降水量550mm左右，无霜期180～200天。主栽
品种有'巨峰''藤稔''红地球''克瑞森无核''玫
瑰香'等（马林娜，2012）。

昌黎县位于河北省东缘，东临渤海。属中国东
部季风区、暖温带、半湿润大陆性气候。无霜期平
均是186天，最高平均气温是25.1℃，最低平均气
温-5.2℃，年平均气温11℃，年均降水量712.7mm，
四季分明，日照充足，年均日照时数达2800h。昌黎
是全国闻名的"葡萄之乡"（图57），葡萄栽培历史
已有400余年。现已形成以十里铺乡为中心的葡萄生
产基地6667hm²。主栽品种为'玫瑰香''巨峰''龙
眼''红地球''赤霞珠''美乐'等。此次收集到的地
方品种有'昌黎玫瑰香'（图58）'昌黎马奶'等品

图59 '春光龙眼'（姜建福 供图）图60 '牛奶白葡萄'（姜建福 供图）图61 '宣化马奶'古树（姜建福 供图）

种，均是近百年的古树，现存株数极少。

宣化区位于北纬40°37'，东经115°03'，东南近临首都北京150km，西连晋蒙。宣化区地处冀西北燕山山脉山间盆地，地势东北高，西南低，逐渐倾斜。平原、河川与山地、丘陵面积各半，最高点烟筒山海拔1023.2m。宣化气候属半干旱大陆性季风气候。年平均气温8℃左右。1月是全年最冷月份，月平均温度为-10.9℃，7月份是全年最暖月份，月平均温度为23.3℃。葡萄产业为宣化传统农业，有着悠久的栽培历史和较高的知名度，主要集中在观后、大北、西城、庙底、盆窑等村为龙头，尤其是春光乡观后村，采用漏斗架种植的牛奶、龙眼等传统地方葡萄品种最为著名。如此次采集的'宣化马奶''春光龙眼葡萄''牛奶白葡萄'（图59～图61）等均收集于此地。

3. 河南葡萄地方品种分布区

河南地处我国中部偏东、黄河中下游。属北亚热带和暖温带地区，我国划分亚热带和暖暖带的地理分布线——秦岭淮河一线正好穿过河南省境内的伏牛山脊和淮河干流，此线以北属于暖温带半湿润半干旱地区，面积占70%，以南为亚热带湿润半湿润地区，面积占30%。河南四季分明，年平均气温12.1～15.4℃，≥10℃有效积温达4500℃以上。年日照时数2176～2400小时，无霜期195～226天，年均降水量600～1027.6mm。降水量的分布不均匀，多集中在夏季，占年降水量的58%，春季占19%，秋季占18.6%、冬季占4.4%。春季气温回升迅速，冷暖变化剧烈气候燥，夏季炎热多雨，秋季天高气爽，冬季寒冷少雨雪。河南地域辽阔，各地区气候有一定差别，主要表现在南部比北部、东部比西部年降雨墩和主要生长季降水量偏大，主要生长季日较差也偏小，河南西部、西北部、北部、豫西地和像北地有一些山地坡地，海拔较高，较差与平原有不同。安阳、新乡、焦作、濮阳、郑州、洛阳、三门峡、开封、商丘属于温带大陆型季风性气候，年降水量为600～800mm。南部南阳、信阳处于北亚热带向暖温带过渡地带，兼有亚热带和暖温带的气候特点，属于典型的季风大陆半湿润气候，年均降水量1027.6mm。郑州年平均气温为14.2℃，绝对最高气温为43.0℃，绝对最低气温为-17.9℃，年日照时数为2385.3小时，总积温为4673.3℃，无霜期16天，年降水量为640.9mm（潘兴等，2006）。

4. 广西葡萄地方品种分布区

广西高温多雨，是传统认识中葡萄种植次适宜区，但随着科技水平的进步，尤其是"三避"技术与葡萄一年两收技术的实践推广，广西已由传统葡萄种植次适宜区转变为特殊优势种植区。

广西发展葡萄具有一定的地理气候优势，首先广西丰富的光热资源是葡萄一年两收技术的基础。一是积温满足是作物正常生长发育的前提，广西大部分地区上、下半年活动积温都超过3000℃，满足露天两造葡萄生长需要；二是下半年雨水少，病虫危害轻；三是秋冬昼夜温差大，葡萄着色好，品质优；四是下半年光照比上半年多200～300小时，光照十分充足。按照葡萄气候区划指标分析，广西下半年具有葡萄栽培所需的最佳气候环境，有利于生产优质葡萄，这是广西发展一年两收葡萄得天独厚的优势。此外，广西适宜葡萄生产的可开发的荒山荒地多，有117万hm²，发展葡萄生产的土地资源潜力大。广西葡萄在简易避雨设施栽培下，运用一年两收技术，桂南地区葡萄上市期分别是5月底至7月中旬，12月中旬至翌年1月中下旬，桂北地区两造葡萄上市期分别是7月初至8月中旬，9月中旬至11月中旬，而中国葡萄主产区成熟期主要集中在8~10月，除桂北地区部分葡萄与中国其他产区同时上市外，广西大部分葡萄都能独享早晚熟鲜葡萄市场，填补国内市场空白。

冬季低温不足，造成萌芽迟、萌芽率低和萌芽不整齐是制约广西葡萄发展重要原因。而破眠技术，不但解决这一难题，还提前发芽，成熟期避开最大降雨期。高温多雨造成病虫危害，是限制广西葡萄发展的重要原因。避雨栽培是最好的控制措施，不但降低葡萄防病用药30%以上，还能使在广西根本不能栽培的欧亚种成功栽培，为此积极推广避雨栽培，可大大减轻病虫害发生，克服制约广西葡萄发展的不利因素，促进葡萄产业稳定发展（白先进等，2010）。

5. 江西葡萄地方品种分布区

江西省地处我国东南偏中部长江中下游南岸，年平均气温18℃左右，有效积温5000℃以上，极端最低气温-9.9℃以上，无霜期长达240~307天，属亚热带季风气候。江西气候特点能满足葡萄要求的有效积温，且无霜期长，适宜栽植葡萄。

江西省面积16.69万km²。境内除北部较为平坦外，东西南部三面环山，中部丘陵起伏，成为一个整体向鄱阳湖倾斜而往北开口的巨大盆地。全省气候温暖，雨量充沛，年均降水量1341~1940mm；无霜期长，为亚热带湿润气候。春季回暖较早，但天气易变，乍暖乍寒，雨量偏多，直至夏初；盛夏至中秋前晴热干燥；冬季阴冷但霜冻期短，尤其是近年，暖冬气候明显。由于江西省地势狭长，南北气候差异较大，但总体上是春秋季短而夏冬季长。

江西省葡萄以鲜食葡萄栽培为主，栽培面积约为1.6万hm²，遍布全省的11个地区，产值达20亿元以上。全省大多果农是因葡萄效益高而自发种植的，因此表现种植规模小、分散经营的特点。葡萄种植主要采取以家庭为主的管理方式，多以人工操作，费工、费时，种植户之间各干各的，技术方面互相保密，无法适应规模化种植的需要。生产区域相对分散，栽培面积呈不均衡分布。仅吉安市种植面积就达5330hm²，占全省三分之一以上，居全省之首，其次是宜春、南昌、上饶的栽培面积较大，新余、吉安、萍乡、鹰潭等地的种植水平较高，且已形成规模化的产区，尤其是吉安横江、新余观巢的葡萄产业呈集群发展。主栽品种主要以'巨峰''藤稔'等中熟品种为主，新近发展的葡萄园以'夏黑''金手指'等早熟品种，'美人指''红地球'等晚熟品种为主。早、中、晚熟葡萄品种结构正在调整。其他品种如'香悦''玫瑰皇后''维多利亚''红富士''比昂扣''紫提''红手指''醉金香''巨玫瑰''黄玉''珍珠''甬优'系列等几十个品种均有搭配栽种。江西葡萄栽培模式采用露地栽培、避雨栽培两种。避雨栽培又分简易避雨、大棚避雨两种，以简易避雨栽培模式为主。采用的架式有"T"形架

图62 葡萄'T'形架 （徐小彪 供图）

图63 葡萄单壁篱架（徐小彪 供图）

图64 葡萄'V'形整蔓（徐小彪 供图）

图65 大棚避雨栽培（徐小彪 供图）

（图62）、篱架（图63）、棚架、"V"形架（图64），以篱架、"V"形架居多。其中，露地栽培模式正逐步向避雨栽培模式方向发展，简易避雨栽培面积占75%以上，大棚避雨栽培（图65）是江西新建葡萄园的发展趋势，栽植趋势也由果农自主栽培向企业投资大面积栽培发展（刘康成等，2015；涂娟等，2016）。

6. 山西葡萄地方品种分布区

山西省地处黄土高原东部，境内土层深厚、海拔高、昼夜温差大、日照充足、降雨适中，具有生产优质葡萄的独特自然资源。山西省葡萄栽培历史悠久，它作为一种重要的经济作物在山西省水果产业中占有重要位置，其栽培面积和产量继苹果、梨之后，位居第3位，已成为促进农民增收致富的重要产业之一。根据业务部门统计，截至2012年年底，全省葡萄生产面积达3.12万hm²，总产量为37.8万t。据国家葡萄产业技术体系的统计，在全国葡萄生产中，山西省的葡萄栽培面积和产量均在全国居第5位。品种多样化近年来，随着山西省葡萄产业的发展，葡萄品种结构不断优化，在充分利用原有优良葡萄品种的基础上，按照市场和消费者的需求，有重点、有步骤地进行了树种和品种结构的调整，通过老葡萄园品种改劣换优，逐步选育、引进了一些国内外葡萄良种，极大地促进了葡萄生产的发展。目前，山西省鲜食葡萄品种中，'巨峰'系品种'红地球''无核白''早黑宝'等优、新品种已占到总面积的85%左右；酿酒葡萄中，'赤霞珠''霞多丽''意斯林'等优良品种已成为酿酒葡萄的主栽品种，栽培面积约占全省酿酒葡萄的80%。

在晋南一些高海拔地区到晋北的忻州定襄，年平均温度10℃左右，昼夜温差大，阳光和气温能够了很好匹配，糖分积累时间较长，果实着色度好，年平均降水量400～600mm，极端环境不严重，气候环境适合葡萄生长。尤其是山西省沿太原晋中盆地周围—太行山西侧、吕梁山东侧山坡地带。包括榆次、太谷、汾阳、文水、交城、清徐等十几个县市，4万多hm²山坡梯田。这里纬度较高在37°～38°之间，海拔在800～1000m之间，≥10℃年有效积温3000～3600℃，无霜期169～182天，昼夜温差大，夏季不太热，7月份平均气温26℃，适宜不同时期成熟的葡萄生产。年平均降水量425～466mm，7、8、9三个月葡萄成熟期的降水量为270mm左右（史良锁，2013）。

山西省清徐县位于北纬37°～38°，处于全球最佳葡萄生产带之间。清徐的地理位置十分的特殊，背靠着巨大的山脉，脚下是一片巨大的冲积扇，这样的地形形成了一个天然的御寒的屏障，并且具有朝西向东的十五度左右的缓坡，背风向阳，聚光聚热性能好，光照充足，葡萄生长需要的有效积温和光照都能得以充分满足。土质为冲积扇砂碱土壤，通透性好，偏碱性，少含有机物，一般病虫害较少，且植被覆盖较佳。这一带有充足的地下水资源，还有丰富的季节性河流。6～9月是区域内热量资源充足、降水量集中的季节。雨热同期，有效的配合，对土壤养分向植物的迁移转化、有机质的合成和分解，都有非常积极的作用，可以提高水、热资源的利用率，有效提高了葡萄的产量和品质，故栽培的葡萄范围和数量渐增，历史上最高产量达到5000t。民国时期，清徐的葡萄干已经享誉海内外，每年从清徐运输的葡萄干不计其数。解放后，清徐葡萄生产得到很大发展，20世纪80年代清徐县已成为山西省葡萄的集中产区，同时也是我国主要的葡萄生产基地。每年数万吨的清徐葡萄都销往了全国各地。1987年8月经中国特产组委会审核认定，正式命名清徐县马峪乡为"中国葡萄之乡"（图66～图71）。目前全县葡萄种植面积达4000hm²，栽培范围由原来的边山地区扩展到全县100多个村庄。经过长时间的探索，葡萄种植户已经成功的总结了一个十分有效的葡萄保鲜方法，那就是把葡萄挂在立架和小棚架上。这样就能使得葡萄保存很长的时间，同时也不改变葡萄的色泽和口味。马峪乡西梁泉村现存活一棵覆盖面积667m²左右、单产500kg左右、树龄600余年的葡萄树，这棵葡萄树至今仍然郁郁葱葱，硕果累累。人们把这棵葡萄树的枝条埋在土里，送样又能生长出更多的葡萄树，这样就能延续它的生命。如此，这棵有着悠久历史的葡萄树已经成为了清徐葡萄文化的一个符号，每年吸引着大批的游客来观光旅游。清徐县古老的优良品种葡萄是'龙眼'，俗称'红葡萄'，是清徐葡萄的代表品种。另外清徐的葡萄品种高达160多种，这些葡萄品种分布在清徐各地，共同组成了清徐丰富多彩的葡萄品种结构。其中，'牛奶''黑鸡心'和'西营'是其中十分知名的小品种葡萄（南阳，2015）。

7. 云南葡萄地方品种分布区

云南境内海拔位于76.4～6700m之间，立体气候明显。落雪、大包山、德钦、中甸等高海拔地区≥10℃的积温只有800～1350℃，元谋、元江、元阳等低海拔地区则高达8000～8600℃。人们居住和生活的绝大多数地区海拔位于3000m以下，≥10℃的积温介于3300～8600℃之间，适宜栽培葡萄。云南各地海拔差异大，素有"一山分四季，十里不同天"之说。由于立体气候明显、品种成熟期不同，以及二次结果、反季节栽培和促早栽培技术的应用，全省葡萄1～12月每个月均有批量成熟者，实现了周年供应。近几年，云南鲜食葡萄栽培效益比较好的有低海拔干热河谷区和高海拔温凉区两个区域：①海拔1400m以下的干热河谷区，气温高、日照充足，6～8月修剪后结的二次果可在10月至翌年

1月上市；促早栽培的11月上旬至翌年1月上旬修剪和破眠，4～6月成熟，是全国最早熟的生产基地之一；其中海拔800m以下的热区冬季无霜，最冷月平均气温高于16℃，则可以搞反季节栽培，在9～10月修剪和破眠，2～4月成熟，成熟期与南半球的智利、阿根廷和南非等南半球国家相近。②海拔位于1850～2700m、特别晚熟的温凉地区，如麒麟区、陆良县、嵩明县、丽江市、德钦县等地，年平均气温10.0～15.0℃，年均降水量1000mm左右，年日照时数2090～2250小时，绝端最低气温-10℃左右，冬季不需要埋土防寒，栽培的'红地球''温克''克伦生''皇家秋天''昆玉''金后'等品种，一般在中秋节和国庆节前后成熟，同样受到市场欢迎，并有部分产品出口到东南亚国家。云南栽培欧亚种鲜食葡萄的历史始于唐代，至今1000年左右；而栽培欧亚种酿酒葡萄历史有记载的至今也有150年，即公元1866年，法国神父顾尔德带着圣经和欧洲的酿酒葡萄籽来到德钦县澜沧江流域的燕门乡茨中村建立了天主教堂，其引种欧亚种酿酒葡萄的历史比北方的张裕公司略早。

截至2014年末，全省栽培总面积约33000hm²，其中鲜食葡萄超过30000hm²，酿酒葡萄2667hm²。鲜食葡萄总产量约80万t，葡萄酒产量约2万t。总产值超过70亿元，在云南农业中占有重要的地位，面积在云南水果中仅次于梨和香蕉。鲜食葡萄在全省各地都有栽培，主要分布在几大流域、年平均气温大于17℃的低热河谷区，红塔、富民、楚雄、陆良、麒麟和隆阳等中高海拔的县区也有较大栽培面积。全省鲜食葡萄主要栽培品种为'红地球''夏黑'和'巨峰'，其次为'无核白鸡心''红光无核''维多利亚''阳光玫瑰''摩尔多瓦''希姆劳特''红富士'等，其他小品种'京早晶''醉金香''玫瑰香''26-3-4''沈农金皇后''京香玉''碧香无核''红巴拉多''黑巴拉多''8612''巨玫瑰''月光无核''凤凰51''L18''L20''东西长廊30-1'等也有零星栽培（张武等，2015）。

8. 湖南葡萄地方品种分布区

湖南地处我国中部地区，东临江西，西接重庆、贵州，南毗广东、广西，北连湖北全省土地总面积约为2118.3万hm²，其中51%为山地，7%为盆地，13%为平原，29%为丘陵，全省有水面135.4万hm²，占总面积的6.4%，海拔高度在50m以下的面积

图66 马峪乡葡萄园秋季景观（曹秋芬 供图）

图67 马峪乡独特的土壤状况（曹秋芬 供图）

图68 枝条埋土（曹秋芬 供图）

图69 '马峪乡葡萄1号'结果状（曹秋芬 供图）

图70 马峪乡'红葡萄'结果状（曹秋芬 供图）

图71 '马峪乡葡萄2号'植株（曹秋芬 供图）

占总面积的9.9%，1000m以上的占总面积的4.3%，大部分地区海拔高度在100～800m之间，省内河网密布，除少数属珠江水系和赣江水系外，主要为湘、资、沅、澧四水及其支流。

湖南属中亚热带季风湿润气候区，热量资源丰富，光照充足，雨量充沛，无霜期长，四季分明，气候具有3大特点：①光、热、水资源丰富，三者的高值又基本同步，4、10月总辐射量占全年总辐射量的70%、76%，降水量则占全年总降水量的68%、84%；②气候条件年内与年际的变化较大；③气候垂直变化最明显的地带为三面环山的山地。湖南年日照时数为1360～1840小时，年均气温16～18℃，气温稳定超过10℃的持续日数240～260天，≥10℃年有效积温为5100～5600℃，无霜期265～310天，常年雨日140～180天，年均降水量1300～1700mm，多集中在春夏两季，秋季次之，冬季最少。湖南土壤类型多样，资源丰富。地带性土壤或垂直带土壤分为红壤、黄壤、黄棕壤、山地草甸土4个类型；非地带性土壤和耕作影响形成的土壤分为红色石灰土、黑色石灰土、紫色土、潮土、粗骨土、石质土、红黏土、沼泽土及水稻土等土类。红壤面积最大，占土壤总面积的25%，是主要旱作土壤。黄壤占土壤总面积19.4%，黄棕壤约占全省土壤总面积2.4%。石灰土、紫色土、潮土分别占土壤总面积6.9%、6.1%和2.5%。粗骨土、石质土、红黏土均有零星分布，水稻土占全省土壤总面积的16.5%。

湖南葡萄产业经过多年的发展，逐步形成了四个各具特色且区域化明显的集中产区：湘西北（常德、益阳、岳阳、张家界、湘西自治州）优质欧亚种葡萄避雨栽培区，湘南（衡阳、郴州、邵阳、娄底、永州）巨峰系列鲜食葡萄栽培区，湘西（怀化）优质特色刺葡萄栽培区，湘中（长沙、湘潭、株洲）城郊高效观光葡萄采摘区。随着人们消费观念的改变和休闲旅游业的发展，将会进一步带动城市周边地区葡萄产业的发展，中大型葡萄采摘园会越来越多。葡萄产业也会成为当地的农业支柱产业之一。长沙、株洲、湘潭市主要是发展以城郊观光采摘为主的葡萄园，如长沙市中崛果业公司（长沙滴翠山庄），长沙市曙光果园有限公司，株洲市湘云公司葡萄园，湘潭市三益公司葡萄园等。主要品种是'红地球''红宝石无核''美人指''比昂扣''魏可''维多利亚'等。常德市主要是以澧县为主的欧亚种葡萄主产区，品种主要是'红地球''维多利亚''红宝石无核''美人指''森田尼无核''比昂扣''圣诞玫瑰''奥古斯特''优无核'等品种，欧美杂种有'夏黑无核''户太8号''高妻''金手指''醉金香'等品种。截至目前，澧县已发展葡萄种植1600hm²以上，年产鲜食葡萄4万t，每667m²纯收入达到了1.27万元以上；共培育葡萄种植大户3100多户，其中6hm²以上标准化葡萄园33个，拥有南方最大的葡萄种质资源圃和良种繁量及分布育圃，收集保存种质资源1000多份，是全省保存种质资源最多的资源圃（图72）。衡阳市葡萄种植主要分布在珠晖区，蒸湘区，常宁市，衡阳县和衡南县，祁东县等地，其中以珠晖区栽培面积最大，约占总面积的1/3。主栽品种为'巨峰''红瑞宝'，占总面积的78%左右，其次是'藤稔'和'红富士'等欧美杂种，占总面积的15%左右，此外还有少量的'红地球''美人指''京秀''粉红亚都密'等欧亚种品种，占总面积的5%左右。其次为常宁市的欧亚种葡萄占的比重最大，品种以'红

图72 澧县'湘酿一号'葡萄基地（姜建福 供图）

图73 湘西市场上销售的刺葡萄（姜建福 供图）

地球'为主，栽植面积已达200hm²。怀化市是以东亚种刺葡萄种植为主，同时种植有欧亚种葡萄和欧美杂种葡萄品种，欧亚种葡萄主要是'红地球''红宝石无核''美人指'等品种，欧美杂种葡萄主要是'巨峰'系品种。益阳，株洲，湘潭，邵阳，郴州，永州，娄底等市是以欧美杂种葡萄为主，主栽品种为'巨峰'系品种。岳阳，张家界，湘西自治州是以欧亚种葡萄为主，主栽'红地球''维多利亚''红宝石无核''美人指'等品种。基于湖南省所独特的地理及气候条件，使野生葡萄资源在全省内

广泛存在.湖南省野生葡萄资源，主要分布在湘西，湘西南，湘中地区海拔700m以下的山坡地，湘东，湘北，湘南一些具,市亦有零星分布。全省野生葡萄隶属葡萄科4属17种和1个变种。为我省葡萄种质资源的研究，如抗性育种，品种选育，砧木选择，加工利用等提供了宝贵资源（石雪晖等，2011）。此次在湖南地区调查并收集到了丰富地方品种，如'洪江1号'（图74）'湘珍珠'（图75）'壶瓶山1号'（图76）'中方2号'（图77）'洪江2号'（图78）'洪江3号'（图79）等。

图74 '洪江1号' 枝蔓（姜建福 供图）

图76 '壶瓶山1号'结果状 （姜建福 供图）

图75 '湘珍珠'植株（姜建福 供图）

图77 '中方2号'植株（姜建福 供图）

图78 '洪江2号'植株（姜建福 供图）

9. 湖北葡萄地方品种分布

湖北地处亚热带，位于典型的季风区内。全省除高山地区外，大部分为亚热带季风性湿润气候，光能充足，热量丰富，无霜期长，降水充沛，雨热同季。适宜葡萄的种植与发展。

在湖北恩施有一个葡萄地方品种—关口葡萄，种植历史近百年，1866年（清同治五年）《建始县志》记载建始就有栽培葡萄的历史。20世纪20年代，比利时一位传教士到建始景阳关，从海外带来一株品质优良的葡萄苗送给花坪乡长槽村12组（小地名关口）一户刘姓人家，这株葡萄，外观晶莹碧绿，肉质香味独特，关口附近村民纷纷引种栽培，由于葡萄萌蘖能力强，发展十分快，关口家家户户开始种植葡萄，"关口葡萄"（图80）因此得名。该品种目前在当地已经种植超过133hm²，在当地的超市和路边随处都可以见到关口葡萄的踪影，并已于2009年获国家农业部地理标志保护登记。

图79 '洪江3号'植株（姜建福 供图）

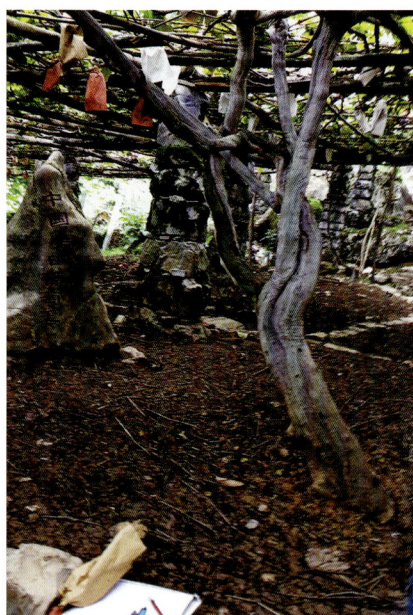

图80 '关口葡萄'植株（姜建福 供图）

第五节
葡萄地方品种资源遗传多样性分析

一 研究背景和意义

葡萄属葡萄科葡萄属，落叶木质藤本，起源于黑海和地中海沿岸，是世界重要的水果之一。世界葡萄栽培有5000～7000年的历史，我国栽培葡萄的历史也有2000多年，种质资源丰富，分布广泛。加强对种质资源的收集和保护，既是对优良基因的一种保护，又是种质资源创新的前提。通常地方品种对自生境有着较强的适应性，含有更多优良基因。然而，地方品种分布较散，往往不被研究者重视，国内尚未有专门单位对地方品种进行收集。一方面，优良的地方品种资源往往分布在山地、丘陵区，为收集者制造了障碍和困难。另一方面，对收集来的地方品种进行斟酌鉴定和分类保存不仅需要专门资源圃，也需要耗费大量的人力、物力成本。本研究旨在收集分布全国各地的地方品种资源，对地方品种资源进行分子标记遗传多样性分析，为地方品种资源的保存和利用提供工作基础。

二 主要分子标记

分子标记技术是在形态标记、细胞标记和生化标记后出现的一种新技术手段，以DNA多态性为基础，与上述其他标记手段相比，它具有很好的优越性。分子标记技术主要有以下几个优点：①直接以DNA的形式表现，不受季节和环境的影响，在生物体的各个组织和发育阶段都可以检测到；②数量极其丰富，遍布于整个基因组；③多态性高，自然界中存在大量的变异；④表现为中性，不会影响到目标性状的表达；⑤有些标记表现为共显性，能区分出纯合体与杂合体。在果树的育种工作中，分子标记可用于研究果树种质资源的亲缘关系鉴定、遗传多样性分析和分子标记辅助育种等。目前常用的分子标记有RFLP、RAPD、AFLP、SSR等。其中，SSR也称为微卫星（Microsatellite），是一类以1~6个碱基为重复单位串联组成的重复序列。SSR标记基于重复单位的次数不同或者重复程度不完全相同，造成了SSR长度的高度变异性，从而产生SSR标记。

其优点如下：①数量丰富，覆盖整个基因组，信息含量高；②具有多等位基因的特性，多态性高；③共显性表达，呈现孟德尔遗传；④试验所需要的DNA量较少；⑤位点的重现性和特异性；⑥成本低廉，稳定性好，可用于大量群体分类。而其最主要的缺点是需要预先知道标记两端的序列信息。

表9 SSR标记引物信息

引物名称	引物序列（5'-3'）
Gra01	F：GGTGAAATGGGCACCGAACACACGC
	R：CCATGTCTCTCCTCAGCTTCTCAGC
Gra02	F：AGATTGTGGAGGAGGGAACAAACCG
	R：TGCCCCCATTTTCAAACTCCCTTCC
Gra03	F：CAGCCCGTAAATGTATCCATC
	R：AAAATTCAAAATTCTAATTCAACTGG
Gra04	F：CTAGAGCTACGCCAATCCAA
	R：TATACCAAAAATCATATTCCTAAA
Gra05	F：AGAGTTGCGGAGAACAGGAT
	R：CGAACCTTCACACGCTTGAT
Gra06	F：AACAATTCAATGAAAAGAGAGAGAGAGA
	R：TCATCAATTTCGTATCTCTATTTGCTG
Gra07	F：GGAAAGATGGGATGACTCGC
	R：TATGATTTTTTAGGGGGGTGAGG
Gra08	F：GTACCAGATCTGAATACATCCGTAAGT
	R：ACGGGTATAGAGCAAACGGTGT
Gra09	F：TTCCGTTAAAGCAAAAGAAAAAGG
	R：TTGGATTTGAAATTTATTGAGGGG

SSR标记由于具有以上几种优点已广泛应用于植物遗传研究和育种实践中。

三 SSR标记与遗传多样性分析

基于已发表的葡萄参考基因组，我们运用国际通用的9对引物（表9），采用毛细管电泳技术对包含地方品种及国内外栽培种在内的94份葡萄种质资源（表10）进行了遗传多样性分析（图81），该研究成果发表在Horticultural Science杂志上（Li *et al.*, 2017）。

聚类分析结果（图82）表明，94份材料可以分为5个亚群，部分的中国种质与国外材料有较近的亲缘关系，说明中国材料和国外材料之间存在着基因交流。来自中国的材料存在着地域上的差异，这可能是长期自然选择的结果。

随后，我们又基于NCBI公共数据库中葡萄的EST（Expressed Sequence Tag，表达序列标签）开发的SSR（Simple Sequence Repeat，简单重复序列）分子标记（表11）结合上述9对SSR标记，对后续补充收集的19份种质资源（表12）进行了遗传多样性分析。

基于SSR标记的19份葡萄农家资源品种遗传多样性分析图74。分析结果表明，所用标记可以有效的将19份葡萄资源区分开，可以分为3个亚群，分别记作Q1、Q2和Q3。其中，Q1包含7个品种，Q2包

表10 94份葡萄种质资源汇总

品种名称	ID	品种名称	ID	品种名称	ID
康拜尔早生	Campbell Early	红葡萄1	Hongputao1	潘诺尼亚	Pannoniavinesa
阿特巴格	Atebage	红葡萄2	Hongputao2	品丽珠	Cabernet Franc
艾尔维因	Aierweiyin	红葡萄3	Hongputao3	平顶黑	Pingdinghei
白布瑞克	Baiburuike	红无籽露	Hongwuzilu	瓶儿	Pinger
白达拉依	Baidalayi	花白	Huabai	其里干	Qiligan
白葡萄	Baiputao	黄满集	Huangmanji	巧吾什	Qiaowushi
白香蕉	Triumph	假卡	Jiaka	琼瑶浆	Roter Traminer
白油亮	Baiyouliang	卡拉	Kala	瑞必尔	Alphonse Lavall é e
贝加干	Beijiagan	康拜尔	Campbell	莎巴珍珠	Pearl of Csaba
赤霞珠1	Cabernet Sauvignon1	康可	Concord	蛇龙珠	Cabernet Gernischt
赤霞珠2	Cabernet Sauvignon2	库斯卡奇	Kusikaqi	索索葡萄	Suosuoputao
茨中教堂	Cizhongjiaotang	雷司令	Riesling	桃克可努克	Taokekeluke
脆葡萄	Cuiputao	李子香	Lizixiang	托县葡萄	Tuoxianputao
大白葡萄	Dabaiputao	零蛋葡萄	Lingdanputao	无核白1	Thompson Seedless1
二伯娜	Urbana	龙眼	Longyan	无核白2	Thompson Seedless2
关口葡萄	Guankouputao	驴奶	Lvnai	无核白3	Thompson Seedless3
贵州水晶	Guizhoushuijing	绿木纳格	Lvmunage	无核白4	Thompson Seedless4
哈什哈尔	HashiHaer	绿葡萄	Lvputao	西拉	Syrah
和田红	Hetianhong	马奶	Manai	西营	Xiying
和田绿葡萄	Hetianlvputao	马热子	Marezi	霞多丽	Chardonnay
黑比诺	Pinot Noir	玫瑰蜜	Meiguimi	夏白	Xiabai
黑鸡心	Heijixin	玫瑰香	Muscat Hamburg	香槟	Champion
黑破黄	Heipohuang	美乐1	Merlot1	小白玫瑰	Muscat Blanc a Petit Grain
黑葡萄1	Heiputao1	美乐2	Merlot2	小黑葡萄	Xiaoheiputao
黑葡萄2	Heiputao2	墨玉葡萄	Moyuputao	谢克兰格	Xiekelange
红达拉依	Hongdalayi	牡丹红	Mudanhong	亚历山大	Muscat of Alexandria
红莲子	Honglianzi	木纳格	Munage	也力阿克	Yeliake
红马奶	Hongmanai	那布古珠	Nabuguzhu	伊犁香葡萄	Yilixiangputao
红玫瑰	Myckat Kpachbrh	尼加拉	Niagara	意大利	Italia
红木纳格	Hongmunage	牛奶	Niunai	云南水晶	Yunnanshuijing
红瓶儿	Hongpinger	牛心	Niuxin	紫红型葡萄	Zihongxingputao
红破黄	Hongpohuang				

表11 SSR引物标记序列信息

引物名称	引物序列（5'-3'）	引物名称	引物序列（5'-3'）
Gra1F	GAAAGACGACATGCATGAACA	Gra20F	CAGAAGCCCAAGAAAGATCG
Gra1R	GCTTGAACCCAAATTTCCAA	Gra20R	CTTCTTTGGAGCTGGTGGAC
Gra2F	GGGTCAACTTCCAGTAATACGC	Gra21F	CCGATGCACTTCAAACACTG
Gra2R	GCTGAAGAATCCGTGGTTGT	Gra21R	TGGATTCGGCTCAGCTACTT
Gra3F	ACTCGAAGGAGCTCGCAAAT	Gra22F	GACCATGTTCTCTCCGCTTC
Gra3R	CTCCATTGGGGATTGGATTA	Gra22R	CGGATGTACTCGTCCTCCAT
Gra4F	CGGCCGAGGTACACAACTAA	Gra23F	TGGGCTCTTGTTGGGTTTAG
Gra4R	GCAGCGTCTATGAAGGAGGA	Gra23R	TTCCCGTGATTCGTCTTACC
Gra5F	CGGGCAGGTACAAACTTGAT	Gra24F	TGCCAAAGTTGTTCATGGAG
Gra5R	GGATCGCATTTGCTTTGAAT	Gra24R	TATGGAGTCGGGTAGCAAGG
Gra6F	GGGGGTTTAAGAGAGGGTTT	Gra25F	TACAACCCCTTCTCCTGTGG
Gra6R	CCACGTGAGAATCACACACC	Gra25R	CTTCTGGTCCGACCTCTCAG
Gra7F	TGCCTTGAGGCTTATGTGTG	Gra26F	GTCCGTACAGGAGCTTGAGG
Gra7R	TAGTGCGCCCTTTTGTTAGG	Gra26R	GCTAGTGACTTGCGCAACAG
Gra8F	GAAGAATCCAAATGGGAGGA	Gra27F	TGGAAGCGAGAATGTCAATG
Gra8R	GCCAATACCGTCCTTGAAGA	Gra27R	GGCACACTTGCTTAGGCTCT
Gra9F	CATGTGGCCAATACGCATAA	Gra28F	GACCATGTTCTCTCCGCTTC
Gra9R	CCGAAAGCAATCCAGAAAAA	Gra28R	CGGATGTACTCGTCCTCCAT
Gra10F	ACGGCCTTCATCATCGTTTCT	Gra29F	CCAATGAGGGCAGCAATAAC
Gra10R	AAGCAAACAAGGCAGCAACT	Gra29R	TCAGGAACAACGCACTCAAC
Gra11F	CCGCAAACAAACACACATCT	Gra30F	CGAGCCCATCTACTCACCTC
Gra11R	AGCCAATTAGGGGAAGAAT	Gra30R	TGTGCCGCTCCTTCTATTCT
Gra12F	ATGACCTCCGCAACCAAA	Gra31F	TCAGGTACGACCCTCTCAGC
Gra12R	AGCCAATTAGGGGGAAGAAT	Gra31R	CGAGAATTCCCGCACATAGT
Gra13F	GGAAGCAGAAACAGCAGAGG	Gra32F	GGATGAAGGGCAACACATCT
Gra13R	GGTGGTGTGCGGATAGACTT	Gra32R	GAACCAATCAACCGAGCATT
Gra14F	TTTTCTCGTCTTGGGGTCTG	Gra33F	GGTGTGGAGTGTTGGGAGAT
Gra14R	ACTGTTCGGAGGTTGACGAC	Gra33R	TGGTCGCAAGTGCAACTTAT
Gra15F	TCATCATGCAAAAACCCATC	Gra34F	CTCTGGACAACAACCCATCC
Gra15R	CAGCCCATATGCAAAAACCT	Gra34R	GGAGGTGCAGAACAAGAAGC
Gra16F	ACCGCTTCTTTGCCTCTTCT	Gra35F	GCAAATTGTTTCCGCAAAGT
Gra16R	GATAAACCCCCTCCAGCAAT	Gra35R	GCATTTAACATTAAGGGCCTGT
Gra17F	CTTCTCCCCTCTCCAAATCC	Gra36F	CAACGTCTCCCTTGCTTCTC
Gra17R	TTTACTCCGTTCTGGCGACT	Gra36R	TCCACACTCTGATTCGTTGC
Gra18F	GGGACGCTTTTTCAGAGATG	Gra37F	CAAGAAGCTCCAAACCAAGC
Gra18R	TGGCCTTTCTTTGTCAATCC	Gra37R	CGGCGACTTTCAAAGAGAAC
Gra19F	GAGATGGCTGTGGGATCATT		
Gra19R	TGCCTTTTCCTTGCACTTTT		

注：引物来源（Kayesh E et al.,2013、冷翔鹏等，2011）。

含10个品种，2个品种被分到了Q3中，表明这些材料之间存在着显著的遗传差异。另外，各材料间的遗传距离值低于0.2，这与标记数目较少、覆盖精度不够有关。想要深入研究葡萄地方品种资源遗传变异，揭示更多的遗传信息就需要开发高通量的分子标记。总之，地方品种资源材料是对现有葡萄资源品种的有效补充。本研究首次采用分子标记技术对葡萄地方品种资源进行了遗传多样性分析，该研究

表12 19份葡萄种质资源汇总

品种编号	品种名称	品种编号	品种名称
V1	红宝石	V11	红葡萄
V2	零蛋葡萄	V12	脆葡萄
V3	老树	V13	葡萄
V4	妮娜皇后	V14	黑破黄
V5	巨玫瑰	V15	红瓶儿
V6	夏黑	V16	下屯葡萄
V7	金手指	V17	零蛋葡萄
V8	户太8号	V18	红葡萄2号
V9	魏可	V19	西营葡萄
V10	弗雷无核		

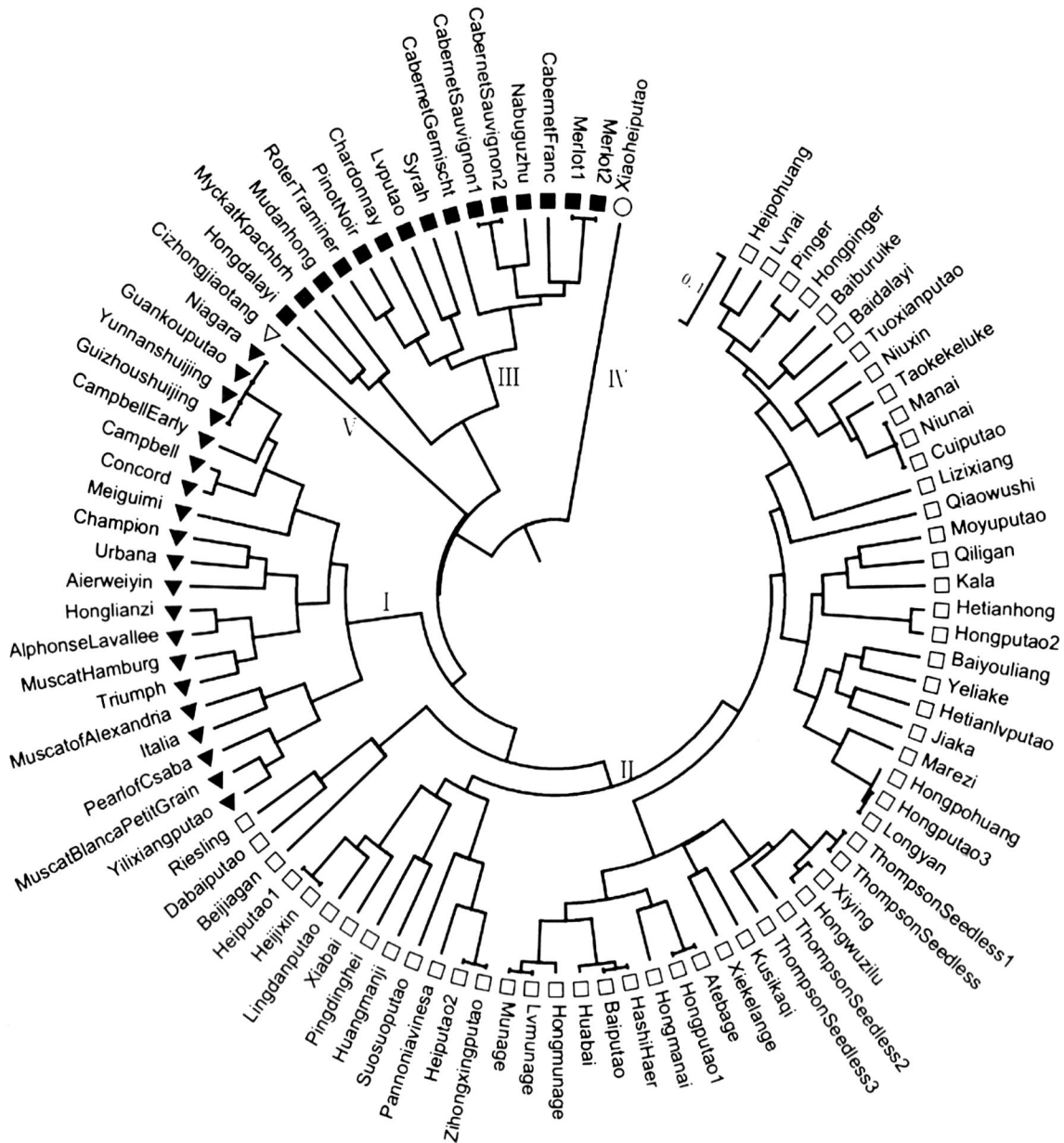

图81 94份葡萄资源遗传多样性分析

表明葡萄地方品种资源有较高的利用价值，有可能成为葡萄新品种选育及遗传研究的可利用资源。

此次葡萄地方品种的收集，历时5年，足迹遍布全国的主要葡萄分布区，共调查葡萄地方品种资源200余份，收集葡萄优异种质资源60份，这些地方品种树龄都在30年以上，调查时仍枝繁叶茂，它们大都分布在房前屋后、田间、路边等地带，处于无人或较少管理的状态，但丰产性、抗病性都很好，

这些都说明它们是经历自然筛选出来的优异资源，含有特异的基因信息。有些资源已经得到当地农户的繁育推广，产生了较好的经济效益，有的稍加选育培养，即可推广应用。但由于修路、盖房、自然灾害等不可抗拒的因素影响，它们也面临消亡的危险。所以通过此次调查摸底，并对部分资源进行收集、保存，对于提高我国葡萄地方品种资源的认识和利用提供较好的途径。

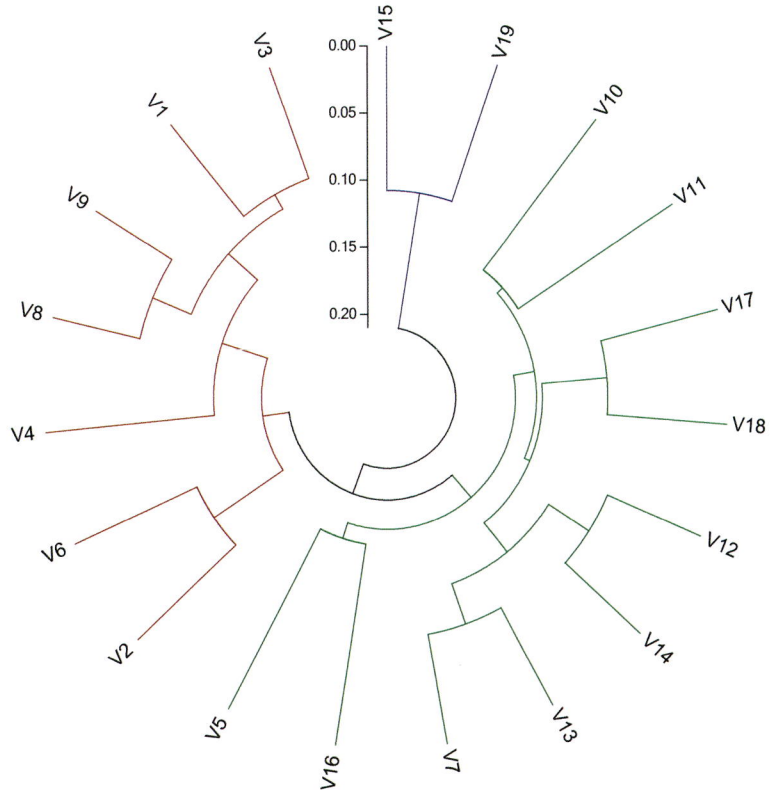

图82 19份葡萄资源遗传多样性分析

各论

瑶下屯葡萄

Vitis vinifera L.'Yaoxiatunputao'

调查编号：FANGJGLXL083

所属树种：葡萄 *Vitis vinifera* L.

提 供 人：邓满新
电　　话：15078671097
住　　址：广西壮族自治区百色市乐
　　　　　业县甘田镇达道村瑶下屯

调 查 人：李贤良
电　　话：13978358920
单　　位：广西特色作物研究院

调查地点：广西壮族自治区百色市乐
　　　　　业县甘田镇达道村瑶下屯

地理数据：GPS数据（海拔：1005m，
　　　　　经度：E106°29'58"，纬度：N24°36'39"）

生境信息

来源于当地。

植物学信息

1. 植株情况

藤本植物。植株生长势较强。

2. 植物学特征

梢尖闭合，淡绿色，带紫红色，有极稀疏茸毛。幼叶黄绿色，带浅褐色，上表面有光泽，下表面有稀疏茸毛。成龄叶片心脏形，中等大，绿色，上表面无皱褶，下表面无茸毛。叶片5裂，上裂刻深，闭合，基部"U"形；下裂刻浅，开张，基部"V"形。叶片锯齿一侧凸一侧直。叶柄洼宽拱形，基部"U"形。新梢生长直立，无茸毛，节间背侧绿色微具红色条纹，腹侧绿色。卷须分布不连续，中等长，3分叉。冬芽绿色，着色浅。枝浅褐色，节部暗红色。节间中等长，中等粗。两性花，二倍体。

3. 果实性状

果穗圆锥形间或带小副穗，大，穗长27.3cm、宽17.5cm，平均穗重737.6g，最大穗重2kg。果穗大小整齐。果粒着生较紧密，椭圆形，黄绿色，大，纵径2.5～3.0cm、横径2.1～2.4cm，平均粒重8.3g，最大粒重11g。果粉中等厚，果皮较薄，脆。果肉脆，汁多，味酸甜。每果粒含种子2～4粒，多为3粒。种子与果肉易分离。可溶性固形物含量16.6%～18.2%，总糖含量13.2%～16.2%，可滴定酸含量0.31%～0.61%。鲜食品质上等。

4. 生物学习性

隐芽萌发力中等，萌发的新梢结实力中等，夏芽副梢结实力强。芽眼萌发率为86.48%。结果枝占芽眼总数的67.79%。每果枝平均着生果穗数为1.42个。早果性好。正常结果树一般产果25000kg/hm^2（2.5m×1.5m，单壁篱架）。4月15日萌芽，5月28日开花，9月22日浆果成熟。从萌芽至浆果成熟需160天，此期间活动积温为3586.1℃。浆果晚熟。抗逆性中等，抗黑痘病力较差，抗虫力中等。

品种评价

此品种为晚熟鲜食品种，也可用于制罐头。穗大，粒大，外观好，肉质脆，味甜，品质上等。耐贮存。丰产。因果穗大，坐果好，应适当疏果。常规防治病虫害即可。适应性中等。

生境

植株

叶片

果

垮龙坡葡萄

Vitis vinifera L.'Kualongpoputao'

调查编号：FANGJGLXL047

所属树种：葡萄 *Vitis vinifera* L.

提 供 人：陈允资
电　　话：13737623626
住　　址：广西壮族自治区百色市乐业县甘田镇场坝6组

调 查 人：李贤良
电　　话：13978358920
单　　位：广西特色作物研究院

调查地点：广西壮族自治区百色市乐业县甘田镇四合村垮龙坡

地理数据：GPS数据（海拔：1032m，经度：E106°29'52"，纬度：N24°36'41"）

生境信息

来源于当地。

植物学信息

1. 植株情况

植株生长势弱或中等，新梢生长缓慢，副梢生长极弱。

2. 植物学特征

嫩梢深绿色，有紫红色条纹。幼叶绿黄色，叶脉间带橙黄色晕。成龄叶片心脏形，中等大或大，厚，坚韧，深绿色，上表面有光泽，下表面密生褐色茸毛，基部叶脉上有刺状毛。叶片3或5裂，上裂刻中等深或浅，下裂刻浅或不明显。叶缘呈粉红色，锯齿钝，圆顶形。叶柄洼多闭合重叠。枝条暗紫色，有紫红色条纹和不明显黑褐色斑点，附有较厚的灰白色粉，节间短而细。两性花。

3. 果实性状

果穗圆锥形，多带副穗，大或中等大，穗长17～29cm、宽9.5～1.0cm，平均穗重373.5g，最大穗重536.2g。果穗不太整齐。果粒着生疏密不一致，近圆形，黄绿色，纵径1.5～2.0cm、横径2.0cm，平均粒重5.4g，最大粒重6.5g。果粉厚，果皮厚，易与果肉剥离。果肉柔软有肉囊，汁中等多，味甜，有玫瑰香味。每果粒含种子1～5粒，多为3～4粒。种子易与果肉分离。可溶性固形物含量21.2%～23.8%，可滴定酸含量0.375%～0.803%，出汁率为70%左右。鲜食品质上等。用其酿制的酒，色鲜艳，酸味和涩味均小，香味清淡，但整体风味较差。

4. 生物学习性

芽眼萌芽率为61.9%～67.2%。结果枝占芽眼总数的31.6%～46.2%。4月9～25日萌芽，5月23日至6月12日开花，9月10～26日浆果成熟。从萌芽至浆果成熟需144～161天，此期间活动积温为3064.7～3473.7℃。

品种评价

此品种为晚熟鲜食品种，亦可作酿制红葡萄酒的原料。果穗和果粒大，色泽鲜艳，风味好。植株生长势弱。枝条扦插繁殖生根较困难。抗寒、抗病、适应性强。

生境

叶片

果实

马裕乡葡萄 1号

Vitis vinifera L.'Mayuxiangputao 1'

调查编号：CAOQFMYP134

所属树种：葡萄 *Vitis vinifera* L.

提 供 人：郭会生
电　　话：13133000809
住　　址：山西省太原市清徐县清徐
　　　　　葡萄协会

调 查 人：曹秋芬
电　　话：13753480017
单　　位：山西省农业科学院生物技
　　　　　术研究中心

调查地点：山西省太原市清徐县马峪
　　　　　乡东马峪村

地理数据：GPS数据（海拔：801m，
　　　　　经度：E112°19'26.8"，纬度：N37°37'51"）

生境信息

来源于当地，最大树龄100年以上，小生境为田间。代表生长环境的建群种、优势种、标志种为葡萄。受耕作的影响。地形为坡地，坡向为南。土地利用为耕地及人工林。土壤质地为砂壤土。种植年限为400年，现存多株。

植物学信息

1. 植株情况

繁殖方法为扦插，棚架架式。露地越冬需埋土，整枝方式为多干。最大干周60cm。

2. 植物学特征

嫩梢黄绿色，新梢生长直立。梢尖开张，绿色，无茸毛，有光泽。幼叶黄绿色，带橙黄色晕，上表面有光泽。成龄叶片肾形，中等大，较薄，光滑，上、下表面均无茸毛。叶片3或5裂，上裂刻深，基部扁平或圆形，下裂刻浅，基部平。叶缘锯齿多为圆顶形。叶柄洼开张椭圆形，基部圆形。枝条横截面呈圆形，黄褐色。两性花。二倍体。

3. 果实性状

果穗多为圆锥形，大，穗长17~21cm、宽12~15cm，平均穗重450g，最大穗重685g，果穗大小整齐。果粒着生中等，椭圆形，紫黑色，纵径2.3~3.7cm、横径2.3~2.8cm，平均粒重8.5g，最大粒重14g。果粉厚，果皮薄，韧。果肉脆，汁多，味甜。每果粒含种子1~4粒，多为2粒。种子梨形，中等大，褐色，喙中等长而较尖。种子与果肉易分离。无小青粒。可溶性固形物含量为19%~22%。鲜食品质上等。

4. 生物学习性

植株生长势极强。隐芽萌发力差。芽眼萌发率为60%~70%。枝条成熟度好。结果枝占芽眼总数的80%。每果枝平均着生果穗数为1.22~1.42个。夏芽副梢结实力强。正常结果树产果20000kg/hm²（110株/667hm²，高宽垂架式）。4月8~18日萌芽，5月14~26日开花，8月28至9月8日浆果成熟。从萌芽至浆果成熟需137~153天，此期间活动积温为3165.3~3499.4℃。浆果晚熟。抗病力中等。

品种评价

此品种为晚熟鲜食品种。品质上等。树势极强，萌芽迟，易徒长。应控制肥水和轻剪长放，以控制树势。适合在干旱、半干旱地区栽培。

植株

叶片

树干粗度

果实

马裕乡葡萄 2号

Vitis vinifera L.'Mayuxiangputao 2'

- 调查编号：CAOQFMYP009

- 所属树种：葡萄 *Vitis vinifera* L.

- 提 供 人：张万德
  电　　话：13327514149
  住　　址：山西省太原市清徐县马峪乡西马峪村

- 调 查 人：孟玉平
  电　　话：13643696321
  单　　位：山西省农业科学院生物技术研究中心

- 调查地点：山西省太原市清徐县马峪乡西马峪村

- 地理数据：GPS数据（海拔：786m，经度：E112°16'36"，纬度：N37°37'06"）

生境信息

来源于当地，小生境为田间。代表生长环境的建群种、优势种、标志种是葡萄和大豆。受耕作的影响。地形为平地。土地利用为耕地。土壤质地为砂壤土。种植年限为几百年。种植面积1.33hm²，种植农户15户。

植物学信息

1. 植株情况

树龄为10年，繁殖方法为扦插，树势弱。小棚架架式。露地越冬需埋土，整枝方式为多干。最大干周20cm。

2. 植物学特征

幼叶呈黄绿色，茸毛疏。叶下表面叶脉间匍匐茸毛疏；成龄叶长14cm、宽14cm，近圆形。叶裂片数为5裂；上缺刻深。第一花序着生在第4节。

3. 果实性状

果穗穗长23cm、宽15cm，平均穗重500g，最大穗重150g，呈圆锥形，单歧肩，紧密度中等。穗梗长7cm。果粒纵径2.8cm、横径1.3cm，呈长圆形。果粉中厚，果皮紫红色。果肉颜色浅。

4. 生物学习性

生长势弱，开始结果年龄为3年。每结果枝上平均果穗数1个，结果枝占60%。副梢结实力弱。全树成熟期一致，每穗一致，成熟期轻微落粒。每667m²产量1500kg。萌芽始期4月中旬，果实成熟期9月中旬。

品种评价

优质，产量中等，抗病性一般。抗旱，耐贫瘠，适应性广。修剪反应不敏感。主要用途为食用。另外，适宜于棚架中长梢修剪，不适宜立架。

植株

果实

马裕乡葡萄 3号

Vitis vinifera L.'Mayuxiangputao 3'

調查编号： CAOQFMYP011

所属树种： 葡萄 *Vitis vinifera* L.

提供人： 张万德
电　话： 13327514149
住　址： 山西省太原市清徐县马峪乡西马峪村

调查人： 孟玉平
电　话： 13643696321
单　位： 山西省农业科学院生物技术研究中心

调查地点： 山西省太原市清徐县马峪乡西马峪村

地理数据： GPS数据（海拔：786m，经度：E112°16'36"，纬度：N37°37'06"）

生境信息

来源于当地，小生境为田间。代表生长环境的建群种、优势种、标志种为葡萄。受耕作的影响。地形为平地。土地利用为耕地。土壤质地为砂壤土。

植物学信息

1. 植株情况

30年生，繁殖方法为扦插，棚架架式。露地越冬需埋土，整枝方式为多干。最大干周30cm。

2. 植物学特征

嫩梢无茸毛，梢尖茸毛无色。成熟枝条呈红褐色。幼叶呈黄绿色，茸毛疏。成龄叶长14cm、宽13cm，叶裂片数为5裂，上缺刻深。第一花序着生在第3节。

3. 果实性状

果穗圆锥形间或带副穗，大，穗长21.7cm、宽15.0cm，平均穗重400～600g，最大穗重1200g，偶见2kg者。穗梗短，果穗大小整齐。果粒着生紧密，卵圆形或椭圆形，绿红色，大，纵径2.6cm、横径2.2cm，平均粒重9.2g，最大粒重12.9g。果粉薄，果皮薄。果肉软，汁多，味酸甜，有草莓香味。风味浓，近似白香蕉品种。每果粒含种子1～3粒，多为1粒。种子与果肉易分离。可溶性固形物含量为14%～17%，可滴定酸含量为0.72%，出汁率为85.1%。鲜食品质上等。制汁品质好。

4. 生物学习性

植株生长势强。芽眼萌发率为50%～60%，枝条生长粗壮、成熟度好。结果枝占芽眼总数的57.0%。每果枝平均着生果穗数为1.3个，副梢结实力较强，可自花结实。部分花粉粒较小，呈畸形。果穗中常有部分无籽小果粒。成熟时，有落粒，但因果粒大，产量仍可达22500kg/hm²。4月中旬萌芽，5月中旬开花，8月上旬浆果成熟。从萌芽至浆果成熟需114天，此期间活动积温为2748.5℃，浆果中熟。适应性强。抗霜霉病、炭疽病、黑痘病力较强，抗白腐病力较弱，易日灼。

品种评价

修剪反应中等。要求肥水管理条件高。

植株

果实

马裕乡葡萄 4号

Vitis vinifera L.'Mayuxiangputao 4'

- 调查编号：CAOQFMYP010

- 所属树种：葡萄 *Vitis vinifera* L.

- 提 供 人：张万德
  电　　话：13327514149
  住　　址：山西省太原市清徐县马峪乡西马峪村

- 调 查 人：孟玉平
  电　　话：13643696321
  单　　位：山西省农业科学院生物技术研究中心

- 调查地点：山西省太原市清徐县马峪乡西马峪村

- 地理数据：GPS数据（海拔：786m，经度：E112°16'36"，纬度：N37°37'06"）

生境信息

来源于当地，小生境为田间。代表生长环境的建群种、优势种、标志种为葡萄。受耕作的影响。地形为平地。土地利用为耕地。土壤质地为砂壤土。种植年限上千年，占地33.3hm²。

植物学信息

1. 植株情况

树龄13年，繁殖方法为扦插，树势强。棚架架式。露地越冬需埋土，整枝方式为多干。最大干周24cm。

2. 植物学特征

嫩梢无茸毛，梢尖茸毛无色。成熟枝条呈红褐色。幼叶呈黄绿色，茸毛疏，叶下表面叶脉间匍匐茸毛疏。成龄叶长14cm、宽15cm，近圆形，叶裂片数为五裂，上缺刻浅。第一花序着生在第5节。花序梗长7cm。

3. 果实性状

果穗分枝形，大，穗长25.0~41.5cm、宽9~14cm，平均穗重327.3g，最大穗重779g。穗梗极长。果粒着生疏散，圆形，粉紫色，向阳面粉红色，有大小不一的黑褐色斑点，大，纵径1.9~2.3cm、横径1.7~2.2cm，平均粒重4.6g，最大粒重6.4g。果粉中等厚。果皮厚，坚韧。果肉较密而柔软，汁极多，味酸甜、偏淡。每果粒含种子1~4粒，多为2粒。种子与果肉易分离。可溶性固形物含量为17.1%，可滴定酸含量为0.51%。鲜食品质中等。

4. 生物学习性

生长势强。开始结果年龄为3年，每结果枝上平均果穗数1.2个，结果枝占40%，副梢结实力强。全树成熟期一致，每穗一致，成熟期轻微落粒。每667m²产量2000kg。萌芽始期4月中旬，果实成熟期9月下旬。

品种评价

主要优点为高产、优质、抗病、抗旱、耐盐碱、耐贫瘠，主要用途为食用。对修剪的反应敏感。大棚架为4m×15m。

生境

果实

植株

结果状

马裕乡葡萄 5号

Vitis vinifera L.'Mayuxiangputao 5'

调查编号：CAOQFMYP008

所属树种：葡萄 *Vitis vinifera* L.

提 供 人：张万德
电　　话：13327514149
住　　址：山西省太原市清徐县马峪乡西马峪村

调 查 人：孟玉平
电　　话：13643696321
单　　位：山西省农业科学院生物技术研究中心

调查地点：山西省太原市清徐县马峪乡西马峪村

地理数据：GPS数据（海拔：786m，经度：E112°16'36"，纬度：N37°37'06"）

生境信息

来源于当地，最大树龄7年，小生境为田间。地带及植被类型为葡萄园。代表生长环境的建群种、优势种、标志种为葡萄。受耕作的影响。地形为平地，土地利用为耕地。土壤质地为壤土。占地0.3hm²，种植农户数为8户。

植物学信息

1.植株情况

树龄为7年生，树势中，小棚架架式。露地越冬需埋土，整枝方式为多干。

2.植物学特征

嫩梢无茸毛，梢尖茸毛无色。成熟枝条为红褐色，茸毛极疏。叶下表面叶脉间匍匐茸毛极疏，成龄叶长18cm，宽16cm，叶裂片数为5裂，上缺刻中。叶柄洼基部呈"U"形。叶缘锯齿双侧直。第一花序在第5节，第二花序在第7节。

3.果实性状

果穗长22cm、宽15cm，平均穗重350g，最大穗重800g，紧密度中等，呈圆锥形。穗梗长5cm，果粒形状为鸡心形，果皮紫黑色或红紫色。

4.生物学习性

生长势中等。开始结果年龄为3年，每结果枝上平均果穗数1.3个，结果枝占50%，副梢结实力强。全树成熟期一致，每穗一致，轻微落粒。每667m²产量1500～2000kg。萌芽始期4月中旬，果实始熟期9月中旬，果实成熟期9月中旬。

品种评价

主要优点为高产、优质、抗旱、耐盐碱、耐贫瘠，抗病性一般，不抗霜霉病。中长梢修剪。

植株

果实

马峪乡葡萄 6号

Vitis vinifera L. 'Mayuxiangputao 6'

- 调查编号：CAOQFMYP135

- 所属树种：葡萄 *Vitis vinifera* L.

- 提 供 人：郭会生
  电　　话：13133000809
  住　　址：山西省太原市清徐县清徐葡萄协会

- 调 查 人：曹秋芬
  电　　话：13753480017
  单　　位：山西省农业科学院生物技术研究中心

- 调查地点：山西省太原市清徐县马峪乡东马峪村

- 地理数据：GPS数据（海拔：801m，经度：E112°19'27"，纬度：N37°37'51"）

生境信息

来源于当地，小生境为田间，受耕作的影响。地形为坡地，坡向为南，土地利用为耕地及人工林，土壤质地为砂壤土。现存1株。

植物学信息

1. 植株情况

山西省清徐葡萄产区有少量栽培，该品种是黑鸡心的优良授粉品种，属于欧亚种，为我国古老品种。繁殖方法为扦插，棚架架式。露地越冬需埋土，整枝方式为多干。最大干周60cm。

2. 植物学特性

叶片较大或大，较厚，深绿色，5裂，裂刻深。叶面粗糙，褶皱，叶背无毛；叶柄中长，叶柄洼呈开放式，尖底凹形；锯齿三角形，顶部稍尖。

3. 果实性状

两性花，果穗大，平均重500g，最大重1300g左右，圆锥形带歧肩或呈分枝。果粒着生稀或较稀，大，重2～7g，椭圆形，紫红色。皮较厚，果肉柔软，味极酸，品质差。种子2～3粒，多3粒。

4. 生物学特性

为极晚熟酿造鲜食兼用品种。在山西省晋中地区9月下旬成熟。结果枝百分率50%～60%，每果枝平均着生1.3～1.5个果穗，丰产。生长势旺，适于较大或中等株形，小棚架，棚离架栽培。抗性较强，对土壤适应性较强，对肥水条件要求不高。

品种评价

本品种丰产。但由于品质差，果穗不整齐不宜发展。

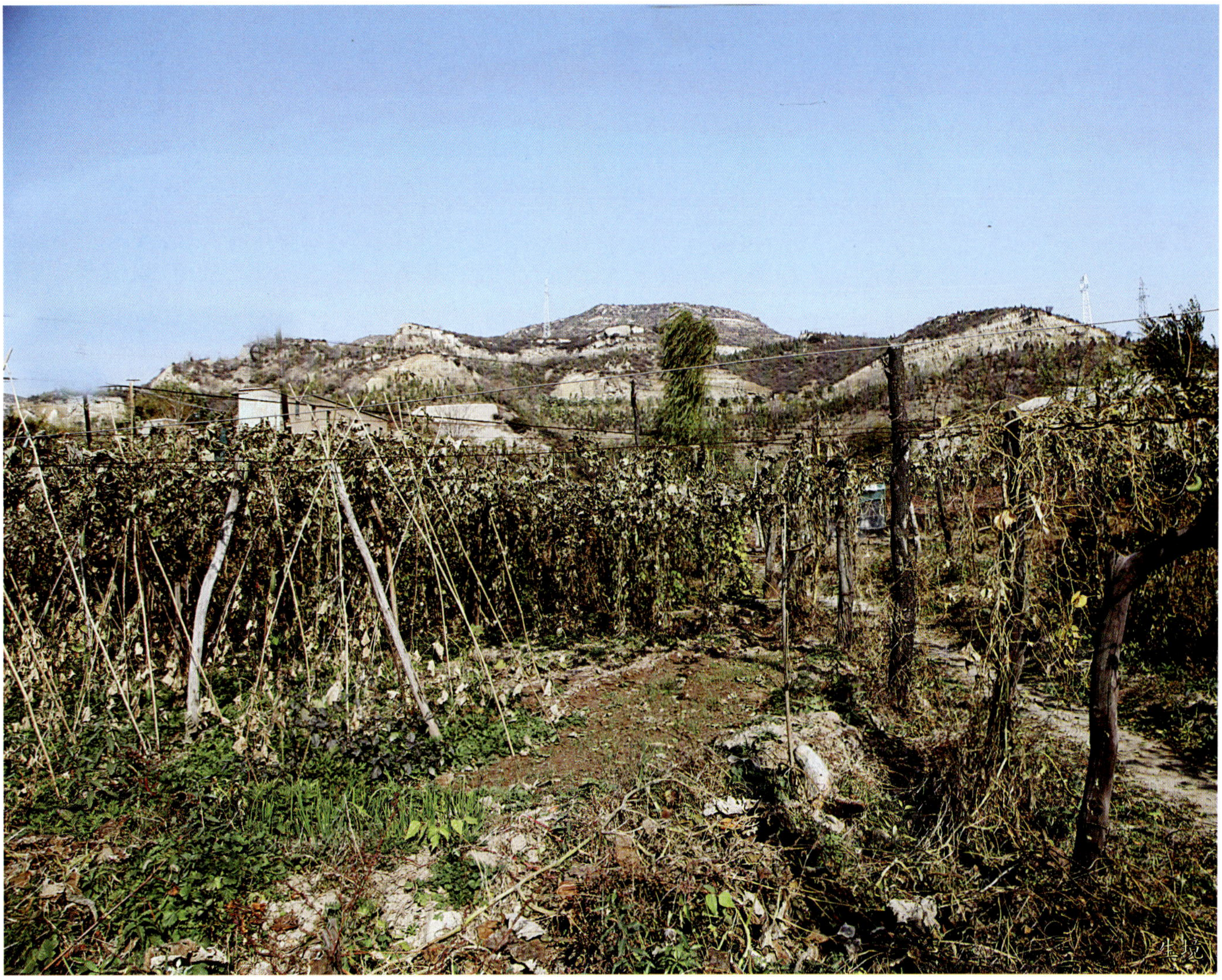
生境

马峪乡葡萄 7号

Vitis vinifera L. 'Mayuxiangbahao 7'

调查编号：CAOQFMYP138

所属树种：葡萄 *Vitis vinifera* L.

提 供 人：郭会生
电　　话：13133000809
住　　址：山西省太原市清徐县清徐葡萄协会

调 查 人：曹秋芬
电　　话：13753480017
单　　位：山西省农业科学院生物技术研究中心

调查地点：山西省太原市清徐县马峪乡东马峪村

地理数据：GPS数据（海拔：841m，经度：E112°16'07"，纬度：N37°37'10"）

生境信息

来源于当地，小生境为田间。受耕作的影响。地形为坡地，坡向为南，土地利用为耕地及人工林。土壤质地为砂壤土。现仅个别农户家种植几株。

植物学信息

1. 植株情况

繁殖方法为扦插，树势弱。小棚架架式，棚篱架栽培。露地越冬需埋土，整枝方式为多干。

2. 植物学特性

叶片较大较薄，深绿色，光滑，5裂，裂刻较浅，叶背无毛。叶柄较短，微红，洼式开放，呈拱形或尖底形。叶缘锯齿钝尖。两性花。

3. 果实性状

果穗较大，平均重250～400g，最大重1500g左右，长圆锥形带小歧肩。果粒着生稀疏而整齐，较大或大，重4～6g。果粉薄，果皮薄且脆。果肉脆，味甜，爽口，品质上等。种子2～4粒，多3粒。

4. 生物学特性

为中熟鲜食品种。在清徐8月中、下旬成熟。结果枝百分率40%～50%，每果枝多着生一个果穗，产量中等或丰产。生长势中等或较旺，在肥水不足或秋雨多时，易发生死枝现象。抗寒抗病力差，多雨易裂果腐烂，易感染真菌病害，对白腐病、霜霉病抵抗力差，特别易感染黑痘病。

品种评价

本品种粒形、穗形美观，肉质细、脆、味甜，品质极好，为优良鲜食品种。

生境

树干

植株

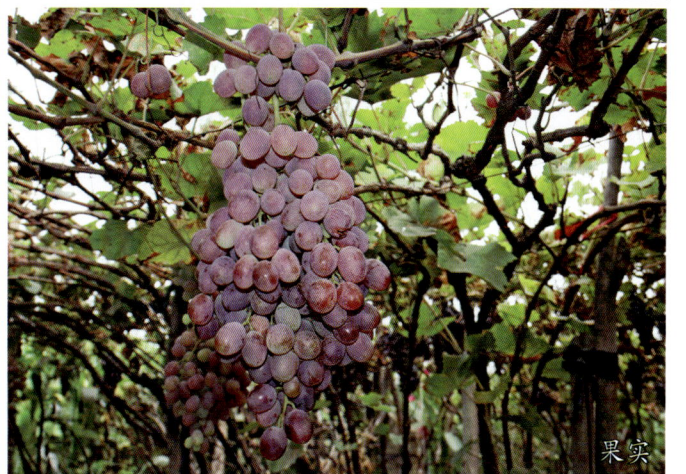

果实

马峪乡葡萄 8号

Vitis vinifera L. 'Mayuxiangputao 8'

调查编号：CAOQFMYP139

所属树种：葡萄 *Vitis vinifera* L.

提 供 人：郭会生
电　　话：13133000809
住　　址：山西省太原市清徐县清徐葡萄协会

调 查 人：曹秋芬
电　　话：13753480017
单　　位：山西省农业科学院生物技术研究中心

调查地点：山西省太原市清徐县马峪乡东马峪村

地理数据：GPS数据（海拔：838m，经度：E112°16'06"，纬度：N37°37'10"）

生境信息

来源于当地，小生境为田间。代表生长环境的建群种、优势种、标志种是葡萄和大豆。受耕作的影响。地形为平地，土地利用为耕地。土壤质地为砂壤土。种植年限为几百年。

植物学信息

1. 植株情况

繁殖方法为扦插。较大或中等株形，小棚架、棚篱架栽培。露地越冬需埋土，整枝方式为多干。

2. 植物学特性

叶片较大、较厚、深绿色，5裂、裂刻浅、中裂片较短而宽。叶面有光泽，叶背无毛，叶缘稍向下卷曲，锯齿大，顶部钝尖。叶柄短、基部红褐色，柄洼开放式，呈宽拱形。两性花。

3. 果实性状

果穗大，平均重600g。最大重1500g，果穗圆锥带歧肩，多呈五角星。果粒着生较紧，颗粒大，重4~6g近圆形，紫红色，皮较厚，被灰白色果粉。果肉柔软多汁，风味一般，品质中等。含糖量5%~16%，旱地果可达18%~22%，种子2~4粒，多3粒。

4. 生物学特性

为极晚熟酿造鲜食兼用品种，在山西晋中地区9月下旬，10月上旬成熟。结果枝百分率40%~50%，每果枝平均着生1.2~1.3个果穗，丰产。生长势强旺，特抗旱，较不耐盐碱潮湿。在盐碱地下湿地栽培，果实常带苦咸涩味，植株易死亡，抗病力较差，易感染炭疽病、白腐病、黑痘病。

品种评价

本品种丰产，特抗旱，穗大、粒大、美观，是山西省优良酿造鲜食兼用品种。在丘陵山坡地带可大量发展。

生境

叶片

植株

果实

马峪乡葡萄9号

Vitis vinifera L. 'Mayuxiangputao 9'

调查编号：CAOQFMYP140

所属树种：葡萄 *Vitis vinifera* L.

提 供 人：郭会生
电　　话：13133000809
住　　址：山西省太原市清徐县清徐葡萄协会

调 查 人：曹秋芬
电　　话：13753480017
单　　位：山西省农业科学院生物技术研究中心

调查地点：山西省太原市清徐县马峪乡东马峪村

地理数据：GPS数据（海拔：807m，经度：E112°16'90"，纬度：N37°37'17"）

生境信息

来源于当地，小生境为田间。代表生长环境的建群种、优势种、标志种是葡萄。受耕作的影响。地形为平地，土地利用为耕地。土壤质地为砂壤土。种植年限为几百年，目前仅在一些社队有零星栽培。

植物学信息

1. 植株情况

繁殖方法为扦插。中等株型，篱架，小棚架、棚篱架栽培。露地越冬需埋土，整枝方式为多干。

2. 植物学特性

叶片中大，近圆形，5裂，裂刻中深，叶片光滑，叶背无毛。叶柄较短，淡紫红色。叶缘锯齿三角形。两性花。

3. 果实性状

果穗较大，平均重为400g左右，最重可达1500g，圆锥形带歧肩，果粒着生紧密度中等。果粒较大，重4~6g，长柱形，中部束腰，淡紫红色。果肉较软，酸甜可口，品质上等。含糖量15%~17%，含酸量0.7%。

4. 生物学特性

为晚熟鲜食品种，在山西晋中地区9月上旬成熟。篱架，长、中梢混合修剪，萌芽率60%~70%，结果枝百分率40%左右，每果枝多着生1穗，较丰产。生长势中或偏旺，较不耐白腐病，较耐贮运。水、旱地均可栽培，旱地栽培品质甚佳。

品种评价

本品种丰产、品质好、穗形美观、为优良鲜食品种。

生境

枝叶

植株

果实

红柳河葡萄

Vitis vinifera L.'Hongliuheputao'

调查编号：CAOQFMHTR002

所属树种：葡萄 *Vitis vinifera* L.

提 供 人：木合塔尔
电　　话：13289953887
住　　址：新疆农业科学院吐鲁番农业科学研究所

调 查 人：曹秋芬
电　　话：13753480017
单　　位：山西省农业科学院生物技术研究中心

调查地点：新疆维吾尔自治区吐鲁番市高昌区红柳河园艺场

地理数据：GPS数据（海拔：554m，经度：E88°58'10"，纬度：N43°06'32"）

生境信息

来源于当地，小生境为田间。代表生长环境的建群种、优势种、标志种为葡萄。受耕作的影响。地形为平地，土地利用为耕地及人工林，土壤质地为砂壤土。种植农户数较多。

植物学信息

1. 植株情况

树龄50年生，繁殖方法为扦插，小棚架架式。树势中，露地越冬需埋土，整枝方式为多干。最大干周25cm。

2. 植物学特征

植株呈开张形。幼叶黄绿色，无茸毛。叶下表面叶脉间匍匐茸毛疏，叶脉间直立无茸毛。成龄叶长14.5cm、宽14cm，叶裂片数为3裂或5裂，上缺刻深，开张。叶柄洼基部呈"U"形。

3. 果实性状

果穗长15~20cm、宽7.5cm，双歧肩。穗梗长5.5cm，果穗紧实；果粒纵径0.8cm、横径0.79cm，圆形。果皮紫红色或红紫色。果肉质地较软，汁液多。果形一致，果面平整，粉红色。可溶性固形物含量为18.5%。

4. 生物学习性

植株生长势强，副梢生长势中等。芽眼萌发率为76.9%。结果枝占芽眼总数的26.6%。每果枝平均着生果穗数为1.29个。可产果30000~45000kg/hm²。5月4日萌芽，6月21日开花，9月16日浆果成熟。从萌芽至浆果成熟需136天，此期间活动积温为2827.8℃。浆果晚熟。抗寒力中等，抗病力强，抗东方盔蚧虫危害力中等。

品种评价

主要用途药用，利用部位为种子（果实）。果实小，有药用价值。

生境

果实

叶片

果实

伊宁1号

Vitis vinifera L .'Yining 1'

調查编号：CAOQFNJX061

所属树种：葡萄 *Vitis vinifera* L.

提 供 人：牛建新
电　　话：13999533176
住　　址：新疆维吾尔自治区石河子
市石河子大学

調 查 人：曹秋芬
电　　话：13753480017
单　　位：山西省农业科学院生物技
术研究中心

調查地点：新疆维吾尔自治区伊犁哈
萨克自治州伊宁市70团

地理数据：GPS数据（海拔：667m，
经度：E81°27'15"，纬度：N43°50'47"）

生境信息

来源于当地，最大树龄100年以上，小生境为田间。代表生长环境的建群种、优势种、标志种葡萄。受耕作的影响。地形为坡地，坡向为南。土地利用为耕地及人工林。土壤质地为砂壤土。现存1株。

植物学信息

1. 植株情况

植株生长势强。

2. 植物学特征

嫩梢绿色。梢尖无茸毛。幼叶绿色，上表面有光泽，下表面无茸毛。成龄叶片心脏形，中等大，绿色；上表面无皱褶，下表面无茸毛，主要叶脉花青素着色浅。叶片5裂，上裂刻深，基部"V"形；下裂刻中等深，基部"U"形。叶缘有锯齿。叶柄洼开张椭圆形，基部"U"形，长，红绿色。新梢生长半直立，无茸毛，节间背侧绿色具红色条纹，腹侧绿色具红色条纹。卷须分布不连续，短，4分叉。冬芽花青素着色深。两性花。二倍体。

3. 果实性状

果穗圆锥形带副穗，大，穗长25.0cm、宽14.1cm，平均穗重633.0g，最大穗重1350g。果穗大小整齐，果粒着生中等紧密。果粒近圆形，黄绿色，中等大，纵径2.0cm、横径1.8cm，平均粒重3.8g，最大粒重5.5g。果粉薄，果皮较厚，脆，有涩味。果肉脆，汁中等多，味酸甜，略有玫瑰香味。每果粒含种子1～4粒，多为2～3粒。种子与果肉易分离。可溶性固形物含量为14.4%，总糖含量为12.99%，可滴定酸含量为0.61%。鲜食品质中上等。

4. 生物学习性

隐芽萌发力中等，萌发的新梢结实力中等，夏芽副梢结实力强。枝条成熟度好。结果枝占芽眼总数的45.8%。每果枝平均着生果穗数为1.1个。早果性好。正常结果树一般产果37296kg/hm²，4月12～20日萌芽，5月26～30日开花，8月10～16日浆果成熟。从萌芽至浆果成熟需120天，此期间活动积温为2722.2℃。浆果早熟。抗逆性和抗病力均中等。常规栽培条件下无特殊虫害。

品种评价

此品种为中熟鲜食品种。穗大，粒大，整齐美观，品质上等。抗病力较弱。在南方宜设施栽培。

植株

果实

塔什库勒克 1号

Vitis vinifera L.'Tashikuleke 1'

- 调查编号：CAOQFNJX062

- 所属树种：葡萄 *Vitis vinifera* L.

- 提 供 人：牛建新
  电　　话：13999533176
  住　　址：新疆维吾尔自治区石河子市石河子大学

- 调 查 人：曹秋芬
  电　　话：13753480017
  单　　位：山西省农业科学院生物技术研究中心

- 调查地点：新疆维吾尔自治区伊犁哈萨克自治州伊宁市塔什库勒克乡

- 地理数据：GPS数据（海拔：632m，经度：E81°20'44"，纬度：N43°52'38"）

生境信息

来源于当地。

植物学信息

1. 植株情况

植株生长势强，副梢生长势中等。

2. 植物学特征

嫩梢绿色，带粉红色晕。幼叶绿色，边缘有粉红色。成龄叶片近圆形，特大，下表面密生毡状茸毛。叶片5裂，上裂刻中等深，下裂刻浅。锯齿圆顶形。叶柄洼闭合椭圆形或开张拱形。新梢生长直立。枝条有剥裂，棕褐色，节红褐色。两性花。

3. 果实性状

果穗圆锥形，中等大或大，穗长14～20cm、宽11～17cm，平均穗重486.4g，最大穗重735g。果穗大小整齐，果粒着生紧密，椭圆形或倒卵圆形，黄绿色，纵径2.7～3.1cm、横径2.1～2.4cm，平均粒重8.2g，最大粒重11g。果粉和果皮均厚。果肉较脆，有肉囊，汁多，味甜酸，有草莓香味。每果粒含种子1～3粒，多为2粒。种子易与果肉分离。可溶性固形物含量为13.8%，可滴定酸含量为0.89%。鲜食品质上等。

4. 生物学习性

芽眼萌发率为64.2%。结果枝占芽眼总数的33.8%。每果枝平均着生果穗数为1.32个。产量较高。在河北昌黎地区，4月20日萌芽，5月31日开花，10月10日浆果成熟。从萌芽至浆果成熟需174天，此期间活动积温为3643.4℃。在新疆4月上旬萌芽，5月中旬开花，9月下旬至10月上旬浆果成熟。从萌芽至浆果成熟需165～180天。浆果极晚熟。耐贮运，耐干旱，抗寒力较强，抗霜霉病力强。架面郁闭处果穗易感白腐病和炭疽病。有轻微日灼病。

品种评价

此品种为极晚熟鲜食品种。穗大，粒大，品质较好，产量较高。浆果成熟极晚，可延长市场供应期。适应性强，易栽培。适合在生长季节长的地区栽培。植株生长势旺盛，宜棚架栽培，采用长、中、短梢修剪均易萌发出结果枝。

生境

叶片

果实

塔什库勒克2号

Vitis vinifera L.'Tashikuleke 2'

调查编号：CAOQFNJX063

所属树种：葡萄 *Vitis vinifera* L.

提 供 人：牛建新
电　　话：13999533176
住　　址：新疆维吾尔自治区石河子市石河子大学

调 查 人：曹秋芬
电　　话：13753480017
单　　位：山西省农业科学院生物技术研究中心

调查地点：新疆维吾尔自治区伊犁哈萨克自治州伊宁市塔什库勒克乡

地理数据：GPS数据（海拔：627m，经度：E81°20'44"，纬度：N43°52'38"）

生境信息

来源于当地。

植物学信息

1. 植株情况

植株生长势强。

2. 植物学特征

成龄叶片心脏形，大而厚，3裂，上裂刻浅，下裂刻不明显。叶缘锯齿圆顶形。上表面有稀疏茸毛，下表面有浓密黄褐色毡状茸毛。叶柄洼闭合。两性花。

3. 果实性状

果穗圆锥形间或带小副穗，大，平均穗重543.8g，最大穗重1500g。果粒着生极紧，近圆形，紫红色，大，平均粒重7.0g，最大粒重9.2g。果粉厚，果皮薄而坚韧。果肉软，汁中等多，味甜酸、偏淡，有青草香味。每果粒含种子多为3粒。种子与果肉易分离。可溶性固形物含量为15.5%，可滴定酸含量为0.348%，出汁率为73.4%。鲜食品质中等。

4. 生物学习性

芽眼萌发率为50.1%～68.6%。结果枝占芽眼总数的40.1%～57.0%。每果枝平均着生果穗数为1.72～1.87个，产量高。从萌芽至浆果成熟需152～156天，此期间活动积温为3097.8～3447.2℃。4月23日萌芽，5月31日开花，10月25日浆果成熟。浆果成熟极晚。耐寒。抗黑痘病和毛毡病，不抗白腐病和霜霉病，极易裂果。

品种评价

此品种为极晚熟鲜食品种。亦可制醋，或与其他品种混合酿酒。在一些国家用于温室栽培。树势强，丰产，穗大，粒大，鲜食品质一般，在有的地区易裂果和感病。适合在生长季节长，气候干燥，雨量少的地区栽培。棚、篱架栽培均可，以中、短梢修剪为主，结合长梢修剪。

果实

果实

塔什库勒克3号

Vitis vinifera L.'Tashikuleke 3'

调查编号： CAOQFNJX064

所属树种： 葡萄 *Vitis vinifera* L.

提 供 人： 牛建新
电　　话： 13999533176
住　　址： 新疆维吾尔自治区石河子
市石河子大学

调 查 人： 曹秋芬
电　　话： 13753480017
单　　位： 山西省农业科学院生物技
术研究中心

调查地点： 新疆维吾尔自治区伊犁哈
萨克自治州伊宁市塔什库
勒克乡

地理数据： GPS数据（海拔：627m,
经度：E81°20'45"，纬度：N43°52'38"）

生境信息

来源于当地。

植物学信息

1. 植株情况

植株生长势强。

2. 植物学特征

嫩梢绿色，密生茸毛。幼叶绿色，叶缘带紫红色；上表面密生茸毛；下表面白色茸毛浓密，并附有粉红色。成龄叶片心脏形，大，深绿色，较厚，叶片平展；上表面有网状皱纹；下表面着生浓密的毡状褐色茸毛。叶片5裂，上裂刻中等深；下裂刻浅。叶缘锯齿钝，圆顶形。叶柄洼开张，深矢形。叶柄短于中脉。卷须分布不连续。枝条红紫色，有深褐色条纹，并有黑色的斑点。节间中等长。两性花。

3. 果实性状

果穗圆柱或圆锥形带副穗，中等大或大，穗长14~24cm、宽10~14cm，平均穗重347g，最大穗重766g。果粒着生紧密，近圆形，紫红色或暗紫红色，大，纵径2.2~2.6cm、横径2.0~2.5cm，平均粒重7.3g，最大粒重9.5g。果粉中等厚，果皮厚，坚韧，易与果肉剥离。果肉软，稍有肉囊，汁多，味甜酸，有较浓草莓香味。每果粒含种子2~3粒，多为2~3粒。种子与果肉较难分离。可溶性固形物含量为19%，可滴定酸含量为0.708%。鲜食品质中上等。

4. 生物学习性

芽眼萌发双芽较多，萌发率为59.6%。结果枝占芽眼总数的44.7%，每果枝平均着生果穗数为1.4个。夏芽副梢结实力低，产量中等，正常结果树产果13320kg/hm²。4月13~22日萌芽，5月20~29日开花，8月15~22日浆果成熟。从萌芽至浆果成熟需123~125天，此期间活动积温为2553.7℃~2767.1℃。浆果中熟。抗寒，抗干旱，耐瘠薄，抗病力强，抗白腐病、炭疽病、霜霉病、黑痘病及毛毡病。易受金龟子危害。

品种评价

此品种为中熟鲜食品种，极大，色泽鲜艳美观，品质较优，有浓郁的草莓香，深受广大消费者欢迎。适应性强，耐干旱，抗寒，抗病。对气候条件选择不太严格。易栽培，一般栽培管理仍能获得一定的产量。适合寒地和南方多雨地区种植。棚、篱架栽培均可，适合中、短梢相结合修剪。可作杂交育种的亲本。

果实

果实

伊宁 2 号

Vitis vinifera L.'Yining 2'

调查编号：CAOQFNJX065

所属树种：葡萄 *Vitis vinifera* L.

提 供 人：牛建新
电　　话：13999533176
住　　址：新疆维吾尔自治区石河子
市石河子大学

调 查 人：曹秋芬
电　　话：13753480017
单　　位：山西省农业科学院生物技
术研究中心

调查地点：新疆维吾尔自治区伊犁哈
萨克自治州伊宁市70团

地理数据：GPS数据（海拔：667m，
经度：E81°27'16"，纬度：N43°50'45"）

生境信息

来源于当地。

植物学信息

1. 植株情况

植株生长势中等或弱，副梢生长势中等。

2. 植物学特征

嫩梢绿色。幼叶质厚，坚韧，黄绿色，叶脉间有较浅的橙红色。成龄叶片肾脏形，中等大，下表面叶脉上有刺状毛。叶片3裂，中裂片较短，与上裂片几乎等长，裂刻浅。叶缘锯齿大而锐，三角形。叶柄洼开张，扁平圆底宽广拱形。冬芽肥大，顶部较尖。枝条粗糙，有棱纹和剥裂，褐色，有不太明显深褐色的条纹，密生黑褐色斑点。两性花。

3. 果实性状

果穗圆锥形，有歧肩或副穗，极大，穗长15～30cm、宽11.5～23.0cm，平均穗重701.1g，最大穗重1765g。果粒着生疏密不一致，倒卵圆形，黄绿色，微红，纵径2.1～2.5cm、横径1.5～2.1cm；平均粒重5g，最大粒重7g。果粉薄，果皮薄，坚韧。果肉厚，脆，汁多，味甜。每果粒含种子1～2粒，多为2粒。种子与果肉易分离。有小青粒。可溶性固形物含量为14%～16%，可滴定酸含量为0.6%～0.7%。鲜食品质上等。

4. 生物学习性

芽眼萌发率为48.5%～55.2%。结果枝占芽眼总数的20.9%～26.2%。每个果枝平均着生果穗数为1.25～1.48个。产量中等。4月14～28日萌芽，5月29日至6月10日开花，8月27日至9月8日浆果成熟。从萌芽至浆果成熟需134～136天，此期间活动积温为2635.7～3345.4℃。浆果晚熟。抗寒力较强，抗毛毡病力强，抗黑痘病、白腐病、炭疽病、霜霉病和褐斑病力弱。花期遇低温或阴雨易落花落果。易发生日灼病和裂果。

品种评价

此品种为晚熟鲜食品种。大穗、大粒，壮观诱人，肉厚爽脆，味甜，种子少，耐贮运，颇受消费者喜爱。对栽培管理条件要求较高，除选择肥沃的土壤栽培外，生长过程中要加强肥水供给。管理不好，产量低，出现大小粒，且易感染各种病害。枝条扦插繁殖较难发根，采用一般繁殖技术，成活率仅有20%左右，扦插前要进行催根处理。篱架或小棚架栽培均可，宜中、短梢相结合修剪。可作杂交育种的亲本。

生境　　　　果实

果实

伊宁 3 号

Vitis vinifera L.'Yining 3'

调查编号：CAOQFNJX066

所属树种：葡萄 *Vitis vinifera* L.

提 供 人：牛建新
电　　话：13999533176
住　　址：新疆维吾尔自治区石河子市石河子大学

调 查 人：曹秋芬
电　　话：13753480017
单　　位：山西省农业科学院生物技术研究中心

调查地点：新疆维吾尔自治区伊犁哈萨克自治州伊宁市70团

地理数据：GPS数据（海拔：667m，经度：E81°27'16"，纬度：N43°50'47"）

生境信息

来源于当地。

植物学信息

1. 植株情况

植株生长势强。

2. 植物学特征

嫩梢绿色。幼叶黄绿色，叶脉间带橙红色。成龄叶片心脏形，中等大，浓绿色，稍厚，下表面叶脉分叉处有刺状毛。叶片3或5裂，中裂片较长，上裂刻浅，下裂刻浅或不太明显。叶缘锯齿大而锐，三角形。叶柄洼开张，圆底拱形。枝条褐色，有棱纹和红褐色条纹，密生黑褐色斑点。两性花。

3. 果实性状

果穗歧肩圆锥形，大，穗长18~22cm、宽13~19cm，平均穗重503g，最大穗重685g。果粒着生紧密，椭圆形，形状不正，顶部变窄而略平，绿色，纵径2.0~2.5cm、横径1.9~2.3cm；平均粒重6g，最大粒重8g。果粉中等厚，果皮中等厚，透明，坚韧，略涩，与果肉较难分离。果肉爽脆，汁少，味甜。每果粒含种子1~4粒，多为2~3粒。种子与果肉易分离。可溶性固形物含量为21.9%，可滴定酸含量为0.62%。出汁率为47.93%。鲜食品质上等。

4. 生物学习性

芽眼萌发率为55.4%~70%。结果枝占芽眼总数的30.9%~40.0%。每果枝平均着生果穗数为1.08~1.23个。夏芽副梢结实力强。产量中等，4年生树平均株产5kg，5年生树单株最高产量10kg以上。在河北昌黎地区，4月20~26日萌芽，6月7~14日开花，9月25~27日浆果成熟。从萌芽至浆果成熟需155~159天，此期间活动积温为3295.3~3430.9℃。浆果晚熟，耐贮运。不抗白腐病、炭疽病和黑痘病，抗东方盔蚧较弱，易发生日灼病和裂果，幼叶易产生药害。

品种评价

此品种为晚熟鲜食品种。果穗、果粒大而美丽，色泽鲜艳诱人，品质颇优，深受广大消费者喜欢。在有的地区表现抗病力弱，易产生日灼病和裂果。适合在海洋性气候、夏天不太炎热或空气较干燥、雨量少的地区栽培。棚、篱架栽培均可，以中、短梢修剪为主。

叶片

果实

果实

伊宁 4 号

Vitis vinifera L.'Yining 4'

调查编号：CAOQFNJX067

所属树种：葡萄 *Vitis vinifera* L.

提 供 人：牛建新
电　　话：13999533176
住　　址：新疆维吾尔自治区石河子市石河子大学

调 查 人：曹秋芬
电　　话：13753480017
单　　位：山西省农业科学院生物技术研究中心

调查地点：新疆维吾尔自治区伊犁哈萨克自治州伊宁市新华西路

地理数据：GPS数据（海拔：627m，经度：E81°17'58"，纬度：N43°54'25"）

生境信息

来源于当地。

植物学信息

1. 植株情况

植株生长势强。

2. 植物学特征

嫩梢绿色，带紫红色晕。幼叶绿色，叶脉间带紫红色。成龄叶片近圆形，中等大，较厚，下表面叶脉分叉处有刺状毛。叶片5裂，上裂刻中等深，下裂刻浅。叶缘锯齿锐，三角形。叶柄洼闭合椭圆形。枝条暗褐色，有深褐色条纹。两性花。

3. 果实性状

果穗圆锥形，大或极大，穗长18.5～24.0cm、宽13～19cm，平均穗重772g，最大穗重3359g。果粒着生紧密，椭圆形，玫瑰红色，较大，纵径2.1～2.5cm、横径1.9～2.2cm，平均粒重6.1g，最大粒重8g。果粉薄，果皮中等厚。果肉脆，味甜。每果粒含种子1～6粒，多为2粒。种子与果肉易分离。可溶性固形物含量为14.5%，可滴定酸含量为1.01%。在新疆，可溶性固形物含量为16.8%～20.1%，可滴定酸含量为0.64%。鲜食品质极上。用它加工制罐头，果皮色泽会退成黄绿色，略带暗玫瑰红色，仍很美观，肉质稍脆，糖液清彻透明，裂果极少。

4. 生物学习性

芽眼萌发率为64.8%。结果枝占芽眼总数的31.5%。每果枝平均着生果穗数为1.1个。正常结果树一般产果26473.5～27904.5kg/hm²（4995株/hm²，篱架）。4月上旬萌芽，5月中、下旬开花，8月底至9月上旬浆果成熟。从萌芽至浆果成熟需156天，此期间活动积温为3300℃以上。浆果晚熟。耐盐碱，耐干旱，抗寒力弱，抗炭疽病，不抗白腐病、霜霉病。有轻微裂果。

品种评价

此品种为晚熟鲜食品种，亦可制罐。粒大，色艳，形美，肉脆，品质优。适应性强，对土壤要求不太严格，适合在干燥少雨地区栽培。篱、棚架栽培均可，宜长、中、短梢混合修剪。

叶片

果实

羌纳乡葡萄

Vitis vinifera L. 'Qiangnaxiangputao'

调查编号：CAOSYMHP039

所属树种：葡萄 *Vitis vinifera* L.

提 供 人：旺次
电　　话：13618949363
住　　址：西藏自治区林芝市米林县
　　　　　羌纳乡娘龙村

调 查 人：马和平
电　　话：13989043075
单　　位：西藏农牧学院高原生态研
　　　　　究所

调查地点：西藏自治区林芝市米林县
　　　　　羌纳乡娘龙村旺次果园

地理数据：GPS数据（海拔：2954m，
经度：E94°31'44"，纬度：N29°25'48"）

生境信息

来源当地，庭院草本小生境，代表生长环境的建群种、优势种、标志种为禾草。平地地形，壤土，pH6.9。土地利用主要为耕地，影响因子为砍伐。种植年限15年，现存1株。

植物学信息

1. 植株情况

属灌木，生长势较强。树龄15年，扦插繁殖，以野葡萄为砧木。树势中等，露地越冬不埋土，整枝形式多干，最大干周57.0cm。

2. 植物学特征

嫩梢茸毛疏，梢尖茸毛着色浅。成熟枝红褐色，幼叶黄绿色，茸毛极疏，叶下表面叶脉间匍匐茸毛疏，叶脉间直立茸毛疏。成龄叶长12.0cm、宽13.0cm，心脏形，裂片数七裂，上缺刻极深，开张。叶柄洼基部"V"形，极开张。叶缘锯齿双侧凸。两性花。

3. 果实性状

果穗长20.0cm、宽9.0cm，平均穗重96g，最大穗重125g，圆锥形，双歧肩，无副穗，穗梗长5.0cm。果穗疏，果粒纵径2.37cm、横径2.43cm，平均粒重5.2g，圆形。果粉薄，果皮蓝黑色，薄。果肉颜色深，质地软，汁液多，玫瑰香味，程度中。可溶性固形物含量0.78%。

4. 生物学习性

开始结果年龄为3年，每结果枝上平均果穗数2.5个，结果枝占80%，副梢结实力强。全树成熟期不一致，成熟期轻微落粒，无二次结果习性，单株平均产量50kg。果实始熟期10月中旬，果实成熟期10月下旬。对土壤、地势、栽培条件的要求不高。

品种评价

主要优点为抗旱，耐盐碱，耐贫瘠，广适性。利用部位主要为种子（果实）。

生境

植株

果实

十里1号

Vitis vinifera L.'Shili 1'

调查编号：CAOSYLHX192

所属树种：葡萄 *Vitis vinifera* L.

提 供 人：李志勇
电　　话：0722－4730090
住　　址：湖北省随州市随县唐县镇
　　　　　十里村1组沈家岗

调 查 人：谢恩忠
电　　话：13908663530
单　　位：湖北省随州市林业局

调查地点：湖北省随州市随县唐县镇
　　　　　十里村1组沈家岗

地理数据：GPS数据（海拔：153m，
　　　　　经度：E113°06'39"，纬度：N32°02'11"）

生境信息

来源于当地，最大树龄6年，庭院小生境，代表生长环境的建群种、优势种、标志种为杨树。受砍伐影响，地形为平地，土地利用为庭院，土壤类型为砂壤土，种植年限为6年，现存1株，种植农户1户。

植物学信息

1. 植株情况

植株生长势弱或中等，副梢生长亦弱。6年生，扦插繁殖。树势强，龙干形树形，在当地不埋土露地越冬，单干。最大干周15cm。

2. 植物学特征

藤本，嫩梢茸毛疏，梢尖茸毛着色浅，成熟枝呈红褐色。幼叶黄绿色，茸毛极疏，下表面叶脉间匍匐茸毛密，叶脉间直立茸毛极疏。成龄叶长6cm、宽6cm。叶近圆形，裂片数多于7裂，上缺刻深，开张。叶柄洼基部"V"形，开叠类型为开张。叶缘锯齿双侧凸。

3. 果实性状

果穗圆锥形，少数为分枝形，中等大或大，穗长17～24cm、宽13～16cm，平均穗重497.3g，最大穗重663g。果粒着生疏散或密，椭圆形，紫红色，有深红色条纹和黑色的斑点，大，纵径2.2～2.9cm、横径2.0～2.6cm，平均粒重8.2g，最大粒重11.2g。果粉中等厚，果皮薄而坚韧。果肉致密而脆，汁中等多，味甜，有浓玫瑰香味。每果粒含种子1～4粒，多为1～2粒。种子易与果肉分离。可溶性固形物含量为20.5%，可滴定酸含量为0.322%。鲜食品质上等。

4. 生物学习性

芽眼萌发率为53.8%～55.5%。结果枝占芽眼总数的31.7%～35.7%，每果枝平均着生果穗数为1.63～1.72个。产量中等。4月17日至5月3日萌芽，5月25日至6月13日开花，9月5～18日浆果成熟。从萌芽至浆果成熟需139～142天，此期间活动积温为2985.3～3295.7℃。浆果晚熟。不耐瘠薄和干旱，抗毛毡病力强，不抗黑痘病、白腐病、炭疽病及霜霉病。易发生日灼病。

品种评价

为晚熟鲜食品种。品质优，耐短期贮运。要求土层深厚和含有机质丰富的砂质壤土。应控制负载量，加强肥水管理和及时夏剪。适合在温度较高，气候干燥而少雨的生态环境下栽培。篱架或小棚架栽培均可，采用中、短梢相结合修剪。

环境

叶片

树干

凤凰葡萄

Vitis vinifera L.'Fenghuangputao'

调查编号： CAOSYLHX199

所属树种： 葡萄 *Vitis vinifera* L.

提 供 人： 谢恩思
电　　话： 15897586933
住　　址： 湖北省随州市新街镇凤凰寨2组4号

调 查 人： 谢恩忠
电　　话： 13908663530
单　　位： 湖北省随州市林业局

调查地点： 湖北省随州市新街镇凤凰寨2组4号

地理数据： GPS数据（海拔：26m，经度：E113°13'52"，纬度：N31°47'27"）

生境信息

来源于当地，最大树龄15年，庭院小生境，代表生长环境的建群种、优势种、标志种为枣树和柿树。受城市扩建影响，地形为平地，土地利用为庭院，土壤类型为壤土，种植年限为15年，现存1株，种植农户1户。

植物学信息

1. 植株情况

植株生长势极强。

2. 植物学特征

藤本，15年生。树势中等，在当地不埋土露地越冬，单干，最大干周15cm。嫩梢茸毛密，着色浅。成熟枝为红褐色叶黄绿色，茸毛疏，下表面叶脉间匍匐茸毛密，叶脉间直立茸毛疏。成龄叶长18cm、宽13cm，心脏形。叶裂片数多于7裂，上缺刻深，开张。两性花，四倍体。

3. 果实性状

果穗圆锥形或圆柱形，间或带副穗，中等大，穗长13.75cm、宽10.83cm，平均穗重418.1g，最大穗重687g，果穗大小不太整齐。果粒着生中等紧密，短椭圆形或倒卵形，紫红色，大，纵径3.1cm、横径2.7cm，平均粒重12.8g，最大粒重19.5g。果粉中等厚，果皮厚，较脆，略有涩味。果肉硬脆，汁中等多，味甜，略有草莓香味。每果粒含种子1~3粒，多为1~2粒。种子长卵形，大，外表无横沟，种脐稍可见，与果肉易分离。有小青粒。可溶性固形物含量为17.87%，总糖含量为15.96%，可滴定酸含量为0.58%。鲜食品质上等。

4. 生物学习性

隐芽萌发率弱，芽眼萌发率为75.38%，成枝率为90%，枝成熟度中等。结果枝占芽眼总数的50.83%，每果枝平均着生果穗数为1.52个。隐芽萌发的新梢结实力弱，夏芽副梢结实力中等，早果性中等。正常结果树一般产果17760kg/hm²。4月12~23日萌芽，5月18~28日开花，9月7~19日浆果成熟。从萌芽至浆果成熟需147天，此期间活动积温为3632.3℃。浆果晚熟。

品种评价

此品种为晚熟鲜食品种。抗病力较强。耐贮运性强。能在我国广泛栽培，在高温高湿地区具有良好的发展前景。宜棚架栽培。采用篱架栽培时，宜长梢修剪，并应适当稀植。

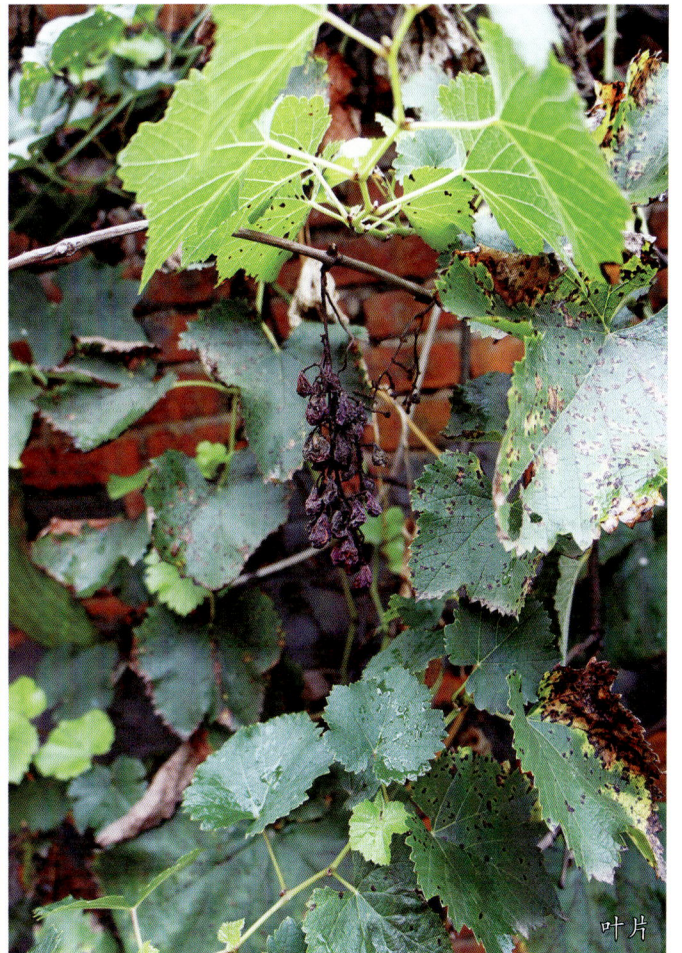

植株

树干

叶片

西山场1号

Vitis vinifera L.'Xishanchang 1'

调查编号：CAOSYWYM006

所属树种：葡萄 *Vitis vinifera* L.

提 供 人：王永明
电　　话：13133585281
住　　址：河北省秦皇岛市林业局

调 查 人：李好先
电　　话：13103834781
单　　位：中国农业科学院郑州果树
　　　　　研究所

调查地点：河北省秦皇岛市昌黎县十
　　　　　里铺乡西山场村

地理数据：GPS数据（海拔：70m，
　　　　　经度：E119°06'39"，纬度：N39°45'48"）

生境信息

来源当地，最大树龄135年。山区、庭院小生境，代表生长环境的建群种、优势种、标志种为葡萄。地形为平地，土壤类型为壤土。土地利用主要为耕地，修路为主要影响因子。种植年限为135年。现存1株。

植物学信息

1. 植株情况

植株生长势强。树龄135年，扦插繁殖、分株。树势强，树形扇形。棚架架势，露地越冬不埋土。整枝形式多干，最大干周150cm。

2. 植物学特征

灌木。嫩梢茸毛极密，梢尖茸毛着色浅。成熟枝条呈暗褐色，幼叶颜色为黄绿色，叶下表面叶脉间匍匐茸毛疏；叶脉间直立茸毛密。成龄叶长10cm、宽7cm，楔形，叶裂片数为5裂，上缺刻中等深，开张。叶缘锯齿双侧凹。叶柄洼基部"V"形，开张。

3. 果实性状

果穗圆柱形间或带副穗，亦有分枝形，中等大或小，穗长17.5～29.5cm、宽6.8～9.0cm，平均穗重218.3g，最大穗重310g。果穗长，果粒着生疏散，椭圆形，黄绿色，大，纵径2.1～2.4cm、横径1.9～2.2cm，平均粒重5.2g，最大粒重6.4g。果粉厚，果皮厚，坚韧，易与果肉剥离。果肉软，有肉囊，汁多，味酸甜，浆果充分成熟时有淡青草香味。每果粒含种子3～5粒，多为4粒。种子大，易与果肉分离，无小青粒。可溶性固形物含量为17.4%，可滴定酸含量为0.82%。鲜食品质中等。

4. 生物学习性

每结果枝上平均果穗数1个，结果枝占80%。副梢结实力强，成熟期轻微落粒。单株平均产量500kg，单株最高750kg。萌芽始期4月中旬，始花期5月中旬，果实始熟期9月中旬，果实成熟期9月下旬。

品种评价

主要优点为高产，抗病。用途为食用。

植株

果实

西山场 2 号

Vitis vinifera L.'Xishanchang 2'

调查编号：CAOSYWYM007

所属树种：葡萄 *Vitis vinifera* L.

提 供 人：王永明
电　　话：13133585281
住　　址：河北省秦皇岛市林业局

调 查 人：李好先
电　　话：13103834781
单　　位：中国农业科学院郑州果树
　　　　　研究所

调查地点：河北省秦皇岛市昌黎县十
　　　　　里铺乡西山场村

地理数据：GPS数据（海拔：70m，
　　　　　经度：E119°06'39"，纬度：N39°45'48"）

生境信息

　　来源当地，最大树龄150年。庭院小生境，代表生长环境的建群种、优势种、标志种为葡萄。地形为坡地，壤土。主要影响因子为修路。种植年限150年，现存1株。

植物学信息

1. 植株情况

　　植株生长势强。树龄150年，扦插繁殖，树势中等。树形扇形，棚架架式，露地越冬不埋土。整枝形式多干，最大干周150cm。

2. 植物学特征

　　灌木。嫩梢茸毛密，梢尖茸毛着色浅，成熟枝条暗褐色。幼叶黄绿色，茸毛中等密，叶下表面叶脉间匍匐茸毛密，叶脉间直立茸毛密。成龄叶长11cm、宽15cm，楔形，叶裂片5裂；上缺刻深。叶缘锯齿双侧凹，叶柄洼基部"V"形，开张。

3. 果实性状

　　果穗圆锥形，有的有副穗，小，穗长15.1cm、宽9.1cm，平均穗重252.5g，最大穗重400g左右。果穗大小不整齐。果粒着生中等紧密或较稀疏，近圆形，红褐色，中等大，纵径1.9cm、横径1.9cm，平均粒重4.8g，最大粒重5g。果粉中等厚，果皮厚，韧，微涩。果肉软，有肉囊，汁少，黄白色，味甜酸，有草莓香味。每果粒含种子2～5粒，多为3粒。种子大，喙粗大，与果肉较难分离。可溶性固形物含量为17%～20%，可滴定酸含量为0.39%～0.90%，出汁率为73%。鲜食品质中等。用其所制葡萄汁，酸甜，香味浓郁，品质优良。

4. 生物学习性

　　每结果枝上平均果穗数1个，结果枝占70%。副梢结实力中等，全树成熟期一致。单株平均产量100kg，最高产量200kg。萌芽始期4月中旬，始花期5月中旬，果实始熟期9月中旬，果实成熟期9月下旬。

品种评价

　　主要优点优质，用途为食用，利用部位主要为种子（果实）。

植株

果实

枝条

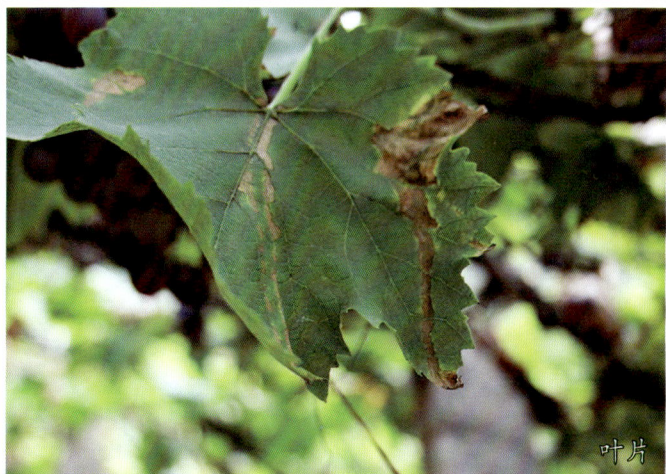

叶片

关口葡萄

Vitis vinifera L.'Guankouputao'

调查编号：LUOZRZQL001

所属树种：葡萄 *Vitis vinifera* L.

提 供 人：钟克军
电　　话：13297170718
住　　址：湖北省恩施土家族苗族自治区建始县花坪镇关口乡村坊村

调 查 人：张青林
电　　话：13907134053
单　　位：-

调查地点：湖北省恩施土家族苗族自治州建始县花坪镇关口乡村坊村

地理数据：GPS数据（海拔：992m，经度：E110°02'28"，纬度：N30°24'14"）

生境信息

来源于当地。

植物学信息

1. 植株情况

植株生长势极强。

2. 植物学特征

藤本。嫩梢茸毛疏，梢尖茸毛着色浅，半开张，成熟枝条呈红褐色。幼叶颜色为黄绿色，茸毛极疏，叶下表面叶脉间匍匐茸毛密，叶脉间直立茸毛极疏。成龄叶长13cm、宽14cm，近圆形，叶裂片5裂，上缺刻深，开张。叶柄洼基部"V"形，开叠类型为开张，叶片锯齿双侧凸。

3. 果实性状

果穗圆柱形，间或带副穗，中等大，穗长14.70cm、穗宽11.24cm，平均穗重432g，最大穗重697g。果穗大小不太整齐。果粒着生中等紧密，近圆形，黄绿色，中等大，纵径1.9～2.1cm、横径1.8～2.0cm。平均粒重6.5g，最大粒重9.5g。果粉中等厚，果皮厚，较脆。果肉硬脆，汁中等多，味甜。每果粒含种子1～3粒，多为1～2粒。鲜食品质上等。

4. 生物学习性

隐芽萌发率弱，新梢结实力弱，夏芽副梢结实力中等。芽眼萌发率为68.21%，成枝率为84%，枝条成熟度中等。结果枝占芽眼总数的55.43%，每果枝平均着生果穗数为1.5个。早果性中等。4月12～23日萌芽，5月18～28日开花，9月7～19日浆果成熟。从萌芽至浆果成熟需145天。抗涝、抗高温能力较强，抗寒、抗旱、抗盐碱力中等，抗白腐病、霜霉病、黑痘病和白粉病力较强，抗炭疽病、灰霉病和穗轴褐枯病力中等。常年无特殊虫害。

品种评价

此品种为晚熟鲜食品种，具欧美杂种的抗性，又有近似于欧亚种的风味品质。颜色鲜艳，外形美观，果肉硬脆，风味甜香，含酸量低，不裂果。抗病力较强，耐贮运性强。能在我国广泛栽培，在高温高湿地区具有良好的发展前景。宜棚架栽培。

叶片

生境

植株

卷须

果实

叶柄

湘酿 1 号

Vitis davidii Foëx.'Xiangniang 1'

- 调查编号：LIHXJJF001

- 所属树种：刺葡萄 *Vitis davidii* Foëx.

- 提 供 人：刘波
  电　　话：15107365555
  住　　址：湖南省常德市澧县城关镇

- 调 查 人：姜建福
  电　　话：15824868197
  单　　位：中国农业科学院郑州果树研究所

- 调查地点：湖南省常德市澧县王家厂镇长乐村

- 地理数据：GPS数据（海拔：106m，经度：E111°33'09"，纬度：N29°45'29"）

生境信息

来源于当地，最大树龄5年，受耕作影响，地形为坡地。土壤类型为黏壤土，土地利用为人工林，种植年限为5年，种植面积20hm²。

植物学信息

1. 植株情况

木质藤本，5年生。树势强，树形"H"形，棚架架式，在当地不埋土露地越冬，单干。最大干周15cm。

2. 植物学特征

嫩梢茸毛极疏，梢尖茸毛着色极浅，成熟枝条呈暗褐色。幼叶酒红色，叶下表面叶脉间无匍匐茸毛，叶脉间直立茸毛极疏。成龄叶长19.2cm、宽16.3cm，心脏形，全缘，绿色，背面茸毛为黄绿色，托叶浅绿色。叶柄洼基部"V"形，树形开张。叶缘锯齿呈双侧凸，两性花。

3. 果实性状

果穗平均长17.0cm、宽6.0cm，平均穗重120g，最大穗重160g，果穗圆锥形，无歧肩，有副穗，果穗较疏。果粒平均纵径长1.4cm、横径1.3cm，平均粒重2.1g，椭圆形。果粉中等，果皮蓝黑色，厚，有肉囊，汁少。果肉无香味，可溶性固形物含量17.0%左右。

4. 生物学习性

生长势强。开始结果年龄为2年，副梢结实力中等。全树成熟期一致、每穗一致，完全成熟后有严重落果现象，可二次结果。单株平均产量100kg，最高125kg，每667m²产量3000kg。萌芽始期3月下旬，始花期4月中旬，果实始熟期6月下旬，果实成熟期8月下旬。

品种评价

该品种具有高产，优质，抗病，广适性等优点，主要用来食用、酿酒等。主要病虫害种类为灰霉病、霜霉病。对寒、旱、涝、瘠、盐、风、日灼等恶劣环境抵抗能力中等。耐修剪，无性繁殖，无特殊的栽培要求。该品种具有丰产的特异性状。

生境

植株

叶片

枝蔓

果实

壶瓶山 1 号

Vitis davidii Foëx.'Hupingshan 1'

- 调查编号：LIHXJJF002

- 所属树种：刺葡萄 *Vitis davidii* Foëx.

- 提 供 人：覃世福
  电　　话：15873678934
  住　　址：湖南省常德市石门县壶瓶
  　　　　　山镇大岭村

- 调 查 人：姜建福
  电　　话：15824868197
  单　　位：中国农业科学院郑州果树
  　　　　　研究所

- 调查地点：湖南省常德市石门县壶瓶
  　　　　　山镇

- 地理数据：GPS数据（海拔：811m，
  经度：E110°37'56"，纬度：N30°03'08"）

生境信息

来源于当地，最大树龄25年，庭院小生境。代表生长环境的建群种、优势种、标志种为萝卜。受耕作影响，地形为坡地，土壤类型为黏壤土，土地利用为耕地。种植年限为25年，现存1株，种植面积667hm²。

植物学信息

1. 植株情况

木质藤本，25年生，实生繁殖。树势强，无固定树形，架式为自由攀附，在当地不埋土露地越冬，多干。最大干周15cm。

2. 植物学特征

嫩梢茸毛极疏，梢尖茸毛着色浅，成熟枝条黄褐色。幼叶红棕色，叶下表面叶脉间有极疏匍匐茸毛，叶脉间有极疏直立茸毛。成龄叶长11.7cm、宽10.6cm，心脏形，全缘。叶缘锯齿。叶柄洼基部"V"形，树形开张。雌能花。

3. 果实性状

果穗平均长16.0cm、宽5.8cm，极疏，圆柱形，无歧肩，有副穗，穗梗长7cm。果粒平均纵径长1.6cm、横径1.6cm，平均粒重3.0g，椭圆形。果粉厚，果皮蓝黑色，厚，有肉囊，汁少。果肉无香味，可溶性固形物含量14.0%左右。

4. 生物学习性

生长势强。副梢结实力弱，全树成熟期一致，成熟期落粒中等，无二次结果习性。单株平均产量50kg，最高125kg，每667m²产量3000kg。萌芽始期3月下旬，始花期4月下旬，果实始熟期7月下旬，果实成熟期9月下旬。

品种评价

该品种具有高产、抗病、耐贫瘠等优点，主要利用部位为种子（果实）。

生境

植株

叶

枝蔓

果

高山 2 号

Vitis davidii Foëx.'Gaoshan 2'

调查编号：LIHXJJF003

所属树种：刺葡萄 *Vitis davidii* Foëx.

提 供 人：瞿太康
电　　话：13762956148
住　　址：湖南省怀化市洪江市黔城
　　　　　镇铁航村

调 查 人：姜建福
电　　话：15824868197
单　　位：中国农业科学院郑州果树
　　　　　研究所

调查地点：湖南省怀化市洪江市土溪
　　　　　乡双溪口村

地理数据：GPS数据（海拔：226m，
　　　　　经度：E109°51'36"，纬度：N27°14'01"）

生境信息

来源于当地，最大树龄9年，田间小生境，受耕作影响，代表生长环境的建群种、优势种、标志种为葡萄。地形为平地，土壤类型为黏壤土，土地利用为人工林，种植年限为9年，现存23株，种植面积1200m²，仅一户种植。

植物学信息

1. 植株情况

木质藤本，9年生，扦插繁殖。树势强，无固定树形，棚架架式，在当地不埋土露地越冬，单干。最大干周29.5cm。

2. 植物学特征

嫩梢茸毛极疏，梢尖茸毛着色极浅，成熟枝条为黄褐色。幼叶红棕，茸毛极疏，叶下表面叶脉间无匍匐茸毛，叶脉间有极疏直立茸毛。成龄叶长18.0cm、宽14.5cm，心脏形，全缘。叶缘锯齿呈双侧凸。叶柄洼基部"V"形，半开张开叠类型。两性花。

3. 果实性状

果穗平均长17.0cm、宽7.0cm，果穗圆锥形，无歧肩，有副穗，穗梗长5cm，果穗中。果粒平均纵径长1.8cm、横径1.6cm，椭圆形，蓝黑色。果粉中等，果皮厚，有肉囊，汁少。果肉无香味，可溶性固形物含量14.0%左右。

4. 生物学习性

生长势强。开始结果年龄为2年，副梢结实力中等。全树成熟期一致、每穗一致，完全成熟后有轻微落果现象，可二次结果。单株平均产量100kg，最高250kg，每667m²产量2000~3000kg。萌芽始期3月下旬，始花期4月下旬，果实始熟期7月下旬，果实成熟期8月上旬。

品种评价

该品种具有高产，耐贫瘠、广适性、耐湿等优点，利用部位为种子（果实）。主要病虫害种类有白粉病、霜霉病。对寒、旱、涝、瘠、盐、风、日灼等恶劣环境抵抗能力中等。坐果率较高。

植株

果实

叶片

假葡萄（涩）

Vitis davidii Foëx. 'Jiaputao'

调查编号： LIHXJJF004

所属树种： 刺葡萄 *Vitis davidii* Foëx.

提 供 人： 钦万坤
电　　话： 13272279971
住　　址： 湖南省怀化市洪江市岩垅乡青树村丰家屋场

调 查 人： 姜建福
电　　话： 15824868197
单　　位： 中国农业科学院郑州果树研究所

调查地点： 湖南省怀化市洪江市岩垅乡青树村丰家屋场

地理数据： GPS数据（海拔：250m，经度：E109°45'48"，纬度：N27°16'07"）

生境信息

来源于当地，最大树龄25年，庭院种植。受耕作影响，地形为平地，土壤类型为黏壤土，土地利用为耕地。种植年限为15年，现存1株，仅有1户种植。

植物学信息

1. 植株情况

木质藤本，15年生，扦插繁殖。树势中等，无固定树形，小棚架架式，在当地不埋土露地越冬，单干。最大干周20cm。

2. 植物学特征

嫩梢茸毛极疏，梢尖茸毛不着色，成熟枝条为暗褐色。幼叶颜色为绿色带有黄斑，无茸毛，叶下表面叶脉间无匍匐茸毛，叶脉间有极疏直立茸毛，心脏形。叶片叶柄洼基部"V"形，树形开张。叶缘锯齿呈双侧凸，两性花。

3. 果实性状

果穗平均长23cm、宽10cm，平均穗重300g，最大穗重550g，果穗长5cm。果穗圆锥形，无歧肩，有副穗，紧。果粒圆形。果粉中等，果皮蓝黑色，厚，有肉囊，汁少，果肉无香味。

4. 生物学习性

生长势强。开始结果年龄为2年，副梢结实力中等。全树成熟期一致、每穗一致，完全成熟后有轻微落果现象，无二次结果习性，单株平均产量125kg。萌芽始期3月下旬，始花期4月下旬，果实始熟期7月下旬，果实成熟期9月中旬。

品种评价

该品种具有高产，抗病（抗霜霉病），耐贫瘠等优点，利用部位为种子（果实）。对寒、旱、涝、瘠、盐、风、日灼等恶劣环境抵抗能力中等。坐果率高，果粒大，不易落果，较抗霜霉病，其他病害几乎没有，口感偏酸。

叶片

枝蔓

果实

紫罗兰

Vitis davidii Foëx.'Ziluolan'

调查编号：LIHXJJF005

所属树种：刺葡萄 *Vitis davidii* Foëx.

提 供 人：郭长连
电　　话：15874527380
住　　址：湖南省怀化市洪江市岩垅
　　　　　乡青树村11组

调 查 人：姜建福
电　　话：15824868197
单　　位：中国农业科学院郑州果树
　　　　　研究所

调查地点：湖南省怀化市洪江市岩垅
　　　　　乡青树村浪冲

地理数据：GPS数据（海拔：241m，
　　　　　经度：E109°46'04"，纬度：N27°16'12"）

生境信息

来源于当地，最大树龄14年，受耕作影响，地形为平地，田间小生境。土壤类型为黏壤土，土地利用为耕地，种植年限为14年，现存16株，面积800m²，仅1户种植。

植物学信息

1. 植株情况

木质藤本，14年生，扦插繁殖。树势强，无固定树形，棚架架式，在当地不埋土露地越冬，单干。最大干周25cm。

2. 植物学特征

嫩梢无茸毛，梢尖茸毛不着色，成熟枝条为黄褐色。幼叶绿色带有黄斑，无茸毛，叶下表面叶脉间无匍匐茸毛，叶脉间有极疏直立茸毛，心脏形。叶柄洼基部"V"形，开叠类型为轻度开张。叶缘锯齿呈双侧凸。两性花。

3. 果实性状

果穗平均长17.0cm、宽8.0cm，平均穗重220g，最大穗重300g，圆锥形，无歧肩，有副穗，果穗中。穗梗长7cm。果粒平均纵径长1.9cm、横径1.5cm，平均粒重2.4g，椭圆形。果粉中等，果皮紫黑色，厚，有肉囊，汁少。果肉无香味，可溶性固形物含量16.0%左右。

4. 生物学习性

生长势强。开始结果年龄为2年，副梢结实力弱，全树成熟期一致，完全成熟后有中等落果现象，无二次结果习性。单株平均产量100kg，最高200kg，每667m²产量2250kg。主要物候期，萌芽始期3月下旬，始花期4月下旬，果实始熟期7月下旬，果实成熟期9月中旬。

品种评价

该品种具有高产、优质等优点，利用部位种子（果实）。对寒、旱、涝、瘠、盐、风、日灼等恶劣环境抵抗能力中等。该品种糖度高、易落粒、不耐贮运、抗霜霉病一般。

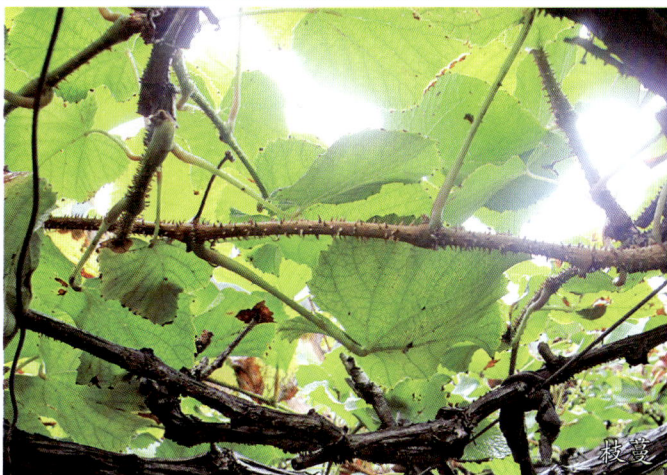

植株

叶片正面

叶片背面

枝蔓

果实

高山 1 号

Vitis davidii Foëx.'Gaoshan 1'

调查编号：LIHXJJF006

所属树种：刺葡萄 *Vitis davidii* Foëx.

提 供 人：郭长连
电　　话：15874527380
住　　址：湖南省怀化市洪江市岩垅
　　　　　乡青树村11组

调 查 人：姜建福
电　　话：15824868197
单　　位：中国农业科学院郑州果树
　　　　　研究所

调查地点：湖南省怀化市洪江市岩垅
　　　　　乡青树村

地理数据：GPS数据（海拔：254m，
　　　　　经度：E109°46'06"，纬度：N27°16'12"）

生境信息

来源于当地，最大树龄15年，受耕作影响，地形为坡地。土壤类型为黏壤土，土地利用为耕地。种植年限为15年，现存2株，仅有1户种植。

植物学信息

1. 植株情况

木质藤本，15年生，扦插繁殖。树势强，无固定树形，小棚架架式，在当地不埋土露地越冬，单干。最大干周25cm。

2. 植物学特征

嫩梢无茸毛，梢尖茸毛不着色，成熟枝条为黄色。幼叶颜色为绿色带有黄斑，无茸毛，叶下表面叶脉间无匍匐茸毛，叶脉间有极疏直立茸毛。成龄叶长23.8cm、宽18cm，心脏形。叶柄洼基部"V"形，开叠类型为轻度开张。叶缘锯齿呈双侧凸。两性花。

3. 果实性状

果穗平均长23.0cm、宽10cm，较疏，平均穗重500g，最大穗重600g，果穗分枝形，无歧肩，有副穗，穗梗长7cm，果粒圆形。果粉中等，果皮厚，有肉囊，汁少。果肉无香味，可溶性固形物含量14.0%左右。

4. 生物学习性

生长势强。开始结果年龄为2年，副梢结实力弱。全树成熟期一致，完全成熟后有轻微落果现象，可二次结果。单株平均产量120kg，单株最高130kg。主要物候期，萌芽始期3月下旬，始花期4月下旬，果实始熟期7月下旬，果实成熟期9月中旬。

品种评价

该品种具有高产，优质，耐贫瘠等优点。利用部位为种子（果实）。主要病虫害种类为霜霉病，对寒、旱、涝、瘠、盐、风、日灼等恶劣环境抵抗能力中等。该品种抗病一般，高产，成熟后糖份低，果粒疏。

植株

叶片

枝蔓

果实

湘珍珠

Vitis davidii Foëx.'Xiangzhenzhu'

调查编号：LIHXJJF007

所属树种：刺葡萄 *Vitis davidii* Foëx.

提 供 人：郭长连
电　　话：15874527380
住　　址：湖南省怀化市洪江市岩垅
　　　　　乡青树村11组

调 查 人：姜建福
电　　话：15824868197
单　　位：中国农业科学院郑州果树
　　　　　研究所

调查地点：湖南省怀化市洪江市岩垅
　　　　　乡青树村

地理数据：GPS数据（海拔：258m，
　　　　　经度：E109°46'06"，纬度：N27°16'12"）

生境信息

来源于当地，最大树龄15年，受耕作影响，地形为坡地。土壤类型为黏壤土，土地利用为耕地，种植年限为15年。

植物学信息

1. 植株情况

木质藤本，15年生，扦插繁殖。树势强，无固定树形，棚架架式，在当地不埋土露地越冬，单干。最大干周25cm。

2. 植物学特征

嫩梢无茸毛，梢尖茸毛不着色，成熟枝条为黄色。幼叶黄色，无茸毛，叶下表面叶脉间无匍匐茸毛，叶脉间有极疏直立茸毛。成龄叶长22.5cm、宽21.5cm。叶柄洼基部"V"形，开叠类型为轻度开张。叶缘锯齿呈双侧凸。两性花。

3. 果实性状

果穗平均长16.0cm、宽6cm，平均穗重40g，最大穗重50g，果穗圆柱形，无歧肩，有副穗，穗梗长7cm，果穗较疏。果粒圆形，紫黑色。果粉中等，果皮厚，有肉囊，汁少，果肉无香味。

4. 生物学习性

生长势强。开始结果年龄为2年，副梢结实力弱。全树成熟期一致，完全成熟后有轻微落果现象，可二次结果。单株平均产量125kg，单株最高150kg。萌芽始期3月下旬，始花期4月下旬，果实始熟期7月下旬，果实成熟期9月中旬。

品种评价

该品种具有优质优点。主要病虫害种类为霜霉病，对寒、旱、涝、瘠、盐、风、日灼等恶劣环境抵抗能力中等。该品种不抗霜霉病。

植株

叶片

枝蔓

枝干

果实

洪江1号

Vitis davidii Foëx.'Hongjiang 1'

○ 调查编号：LIHXJJF008

▤ 所属树种：刺葡萄 *Vitis davidii* Foëx.

▤ 提 供 人：郭长连
　　电　　话：15874527380
　　住　　址：湖南省怀化市洪江市岩垅
　　　　　　　乡青树村11组

▤ 调 查 人：姜建福
　　电　　话：15824868197
　　单　　位：中国农业科学院郑州果树
　　　　　　　研究所

◎ 调查地点：湖南省怀化市洪江市岩垅
　　　　　　　乡青树村

⊕ 地理数据：GPS数据（海拔：229m，
　　　　　　　经度：E109°46'03"，纬度：N27°16'08"）

生境信息

来源于当地，最大树龄15年，田间小生境，代表生长环境的建群种、优势种、标志种为水稻。受耕作影响，地形为平地。土壤类型为黏壤土，土地利用为耕地，种植年限为15年。现存1株，面积267m²，仅有1户种植。

植物学信息

1. 植株情况

木质藤本，15年生，扦插繁殖。树势强，无固定树形，棚架架式，在当地不埋土露地越冬，单干。最大干周27.2cm。

2. 植物学特征

嫩梢无茸毛，梢尖茸毛不着色，成熟枝条为黄褐色。幼叶颜色为绿色带有黄斑，无茸毛，叶下表面叶脉间无匍匐茸毛，叶脉间有极疏直立茸毛。成龄叶长17.5cm、宽14cm。叶柄洼基部"V"形，开叠类型为轻度开张。叶缘锯齿呈双侧凸。两性花。

3. 果实性状

果穗平均长27cm、宽8cm，平均穗重250g，最大穗重350g，果穗圆柱形，无歧肩，有副穗，穗梗长7cm，果穗较疏。果粒纵径2cm、横径1.8cm，平均粒重2.6g，椭圆形。果粉中等，果皮厚，有肉囊，汁少，果肉无香味。

4. 生物学习性

生长势强。开始结果年龄为2年，副梢结实力弱。全树成熟期一致，完全成熟后有轻微落果现象，无二次结果习性。单株平均产量150kg，单株最高175kg。萌芽始期3月下旬，始花期4月下旬，果实始熟期7月下旬，果实成熟期9月中旬。

品种评价

该品种具有高产、抗病（霜霉病、白粉病）优点。对寒、旱、涝、瘠、盐、风、日灼等恶劣环境抵抗能力中等。

植株

叶片正面

叶片背面

枝蔓

枝蔓

楼背冲米葡萄

Vitis davidii Foëx.'Loubeichongmiputao'

- 调查编号：LIHXJJF009

- 所属树种：刺葡萄 *Vitis davidii* Foëx.

- 提 供 人：钦永福
  电　　话：0745－7381355
  住　　址：湖南省怀化市洪江市岩垅乡青树村7组

- 调 查 人：姜建福
  电　　话：15824868197
  单　　位：中国农业科学院郑州果树研究所

- 调查地点：湖南省怀化市洪江市岩垅乡青树村楼背冲

- 地理数据：GPS数据（海拔：253m，经度：E109°45'03"，纬度：N27°16'02"）

生境信息

来源于当地，最大树龄40年，庭院小生境。受耕作影响，地形为平地，土壤类型为黏壤土，土地利用为耕地。

植物学信息

1. 植株情况

生长势中等，开始结果年龄为2年，副梢结实力弱。

2. 植物学特征

木质藤本，40年生，分株繁殖。中等树势，无固定树形，架式为自由攀附，在当地不埋土露地越冬，多干。最大干周37cm。嫩梢无茸毛，梢尖茸毛不着色，成熟枝条为黄褐色。幼叶颜色为绿色带有黄斑，无茸毛，叶下表面叶脉间无匍匐茸毛，叶脉间有极疏直立茸毛。成龄叶长18.6cm、宽18.5cm。叶柄洼基部"V"形，半开张开叠类型。叶缘锯齿呈双侧凸。两性花。

3. 果实性状

果穗平均长14cm、宽8cm，平均穗重120g，最大穗重160g，果穗圆锥形，无歧肩，有副穗，穗梗长7cm，果穗较疏。果粒椭圆形。果粉中等，果皮厚，有肉囊，汁少。

4. 生物学习性

全树成熟期一致，完全成熟后有轻微落果现象，无二次结果习性。单株平均产量150kg，最高200kg。萌芽始期3月下旬，始花期4月下旬，果实始熟期7月下旬，果实成熟期9月上旬。

品种评价

该品种具有优质、耐贫瘠等优点，利用部位为种子（果实）。主要病虫害种类为霜霉病，对寒、旱、涝、瘠、盐、风、日灼等恶劣环境抵抗能力中等。该品种较口感好，不抗霜霉病。

洪江 2 号

Vitis davidii Foëx.'Hongjiang 2'

调查编号：LIHXJJF010

所属树种：刺葡萄 *Vitis davidii* Foëx.

提 供 人：杨隆福
电　　话：0745－2404612
住　　址：湖南省怀化市洪江市双溪镇双溪村广冲

调 查 人：姜建福
电　　话：15824868197
单　　位：中国农业科学院郑州果树研究所

调查地点：湖南省怀化市洪江市双溪镇双溪村广冲

地理数据：GPS数据（海拔：211m，经度：E109°52'37"，纬度：N27°14'01"）

生境信息

来源于当地，最大树龄50年，庭院小生境。受修路、城市扩建影响，地形为坡地，土壤类型为黏壤土。种植年限为52年，现存1株，仅有1户种植。

植物学信息

1. 植株情况

生长势强，开始结果年龄为2年，副梢结实力弱。

2. 植物学特征

木质藤本。树势强，无固定树形，棚架架式，在当地不埋土露地越冬，多干。最大干周37cm。嫩梢无茸毛，梢尖茸毛不着色，成熟枝条为黄色。幼叶颜色为黄绿色，无茸毛，叶下表面叶脉间无匍匐茸毛，叶脉间有极疏直立茸毛。成龄叶长20.1cm、宽16.7cm，心脏形。叶柄洼基部"V"形，半开张开叠类型。叶缘锯齿呈双侧凸。两性花。

3. 果实性状

果穗平均长17cm、宽7cm，平均穗重120g，最大穗重200g，果穗圆柱形，无歧肩，有副穗，穗梗长4cm，果穗较疏。果粒纵径2.0cm、横径1.7cm，平均粒重2.7g，椭圆形。果粉中等，果皮蓝黑色，厚。有肉囊，汁少。果肉无香味，可溶性固形物含量17%。

4. 生物学习性

全树成熟期一致，完全成熟后有轻微落果现象，无二次结果习性。单株平均产量175kg，单株最高200kg。萌芽始期3月下旬，始花期4月下旬，果实始熟期7月中旬，果实成熟期9月中旬。

品种评价

该品种具有优质、高产等优点，利用部位为种子（果实）。主要病虫害种类为霜霉病，对寒、旱、涝、瘠、盐、风、日灼等恶劣环境抵抗能力中等。该品种较口感好，产量高。

植株

叶片正面

叶片背面

枝蔓

果实

洪江 3 号

Vitis davidii Foëx. 'Hongjiang 3'

调查编号：LIHXJJF011

所属树种：刺葡萄 *Vitis davidii* Foëx.

提 供 人：唐正满
电　　话：18797543493
住　　址：湖南省怀化市洪江市双溪镇双溪村广冲

调 查 人：姜建福
电　　话：15824868197
单　　位：中国农业科学院郑州果树研究所

调查地点：湖南省怀化市洪江市双溪镇双溪村广冲

地理数据：GPS数据（海拔：194m，经度：E109°52'37"，纬度：N27°14'01"）

生境信息

来源于当地，最大树龄35年，庭院小生境。受城市扩建影响，地形为坡地。土壤类型为黏壤土，种植土地为耕地。种植年限为35年，现存1株，面积333m²，仅有1户种植。

植物学信息

1. 植株情况

生长势较强。

2. 植物学特征

木质藤本，35年生，扦插繁殖。树势强，无固定树形，棚架架式。最大干周38.5cm。嫩梢无茸毛，梢尖茸毛不着色，成熟枝条显黄色。幼叶绿色带有黄斑，无茸毛，叶下表面叶脉间无匍匐茸毛，叶脉间有极疏直立茸毛。成龄叶长24.0cm、宽19.0cm，心脏形。叶柄洼基部"V"形，开叠类型为轻度开张。叶缘锯齿呈双侧凸。

3. 果实性状

果穗平均长18cm、宽6cm，平均穗重250g，最大穗重350g，果穗圆柱形，无歧肩，有副穗，穗梗长7cm，果穗较疏。果粒圆形。果粉中等，果皮厚，有肉囊，汁少。果肉无香味，可溶性固形物含量17%。

4. 生物学习性

全树成熟期一致，完全成熟后有轻微落果现象，无二次结果习性。单株平均产量250kg，单株最高300kg。萌芽始期3月下旬，始花期4月下旬，果实始熟期7月下旬，果实成熟期9月下旬。

品种评价

该品种具有高产等优点，利用部位为种子（果实），主要病虫害种类为霜霉病。该品种较口感好，果粉好，不抗霜霉病。

植株

生境

叶片

枝蔓

果实

白葡萄1号

Vitis davidii Foëx.'Baiputao 1'

调查编号： LIHXJJF012

所属树种： 刺葡萄 *Vitis davidii* Foëx.

提 供 人： 瞿世顺
电　　话： 13762956148
住　　址： 湖南省怀化市洪江市双溪镇

调 查 人： 姜建福
电　　话： 15824868197
单　　位： 中国农业科学院郑州果树研究所

调查地点： 湖南省怀化市洪江市黔城镇高桥村毛坪

地理数据： GPS数据（海拔：244m，经度：E109°50'48"，纬度：N27°10'04"）

生境信息

来源于当地，最大树龄30年，庭院小生境。受砍伐影响，地形为平地，土壤类型为黏壤土。种植年限为20年，现存2株，仅有1户种植。

植物学信息

1. 植株情况

生长势强，开始结果年龄为2年，副梢结实力弱。

2. 植物学特征

木质藤本，20年生，扦插繁殖。树势强，无固定树形，棚架架式，在当地不埋土露地越冬，多干。最大干周21.0cm。嫩梢茸毛较疏，梢尖茸毛不着色，成熟枝条为黄色。幼叶颜色为红棕色，无茸毛，叶下表面叶脉间无匍匐茸毛，叶脉间有极疏直立茸毛。成龄叶长20.2cm、宽16.6cm，心脏形。叶柄洼基部"V"形，开叠类型为轻度开张。叶缘锯齿呈双侧凸。两性花。

3. 果实性状

果穗平均长12.2cm、宽6.5cm，平均穗重40g，最大穗重70g，果穗椭圆形，无歧肩，有副穗，穗梗长4cm，果穗较疏。果粒纵径2.0cm、横径1.7cm，平均粒重2.7g，椭圆形。果粉薄，果皮黄绿色，厚，有肉囊，果肉汁液中等。果肉无香味，可溶性固形物含量16.2%。

4. 生物学习性

全树成熟期一致，完全成熟后有轻微落果现象，无二次结果习性。单株平均产量300kg，单株最高350kg。萌芽始期3月下旬，始花期4月下旬，果实始熟期7月下旬，果实成熟期9月下旬。

品种评价

该品种具有优质、高产等优点，利用部位为种子（果实）。主要病虫害种类为霜霉病，对寒、旱、涝、瘠、盐、风、日灼等恶劣环境抵抗能力中等。该品种果皮颜色黄色，不抗霜霉病。

植株

叶片正面

果实

枝蔓

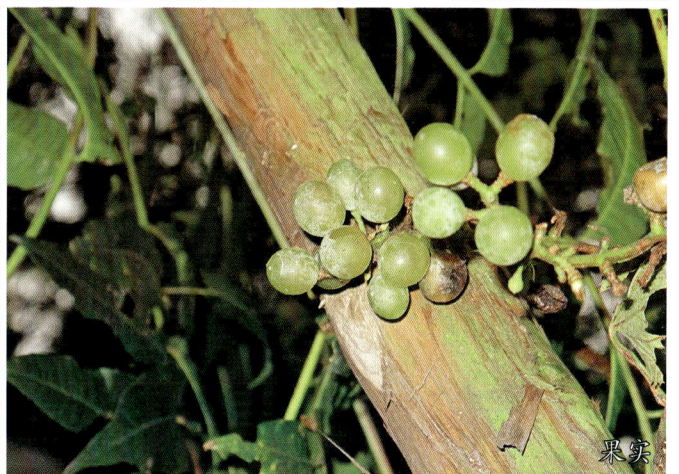

果实

罗家溪高山2号

Vitis davidii Foëx.'Luojiaxigaoshan 2'

调查编号：LIHXJJF013

所属树种：刺葡萄 *Vitis davidii* Foëx.

提 供 人：瞿世顺
电　　话：13762956148
住　　址：湖南省怀化市洪江市双溪镇

调 查 人：姜建福
电　　话：15824868197
单　　位：中国农业科学院郑州果树研究所

调查地点：湖南省怀化市洪江市黔城镇高桥村毛坪

地理数据：GPS数据（海拔：244m，经度：E109°50'49"，纬度：N27°10'04"）

生境信息

来源于当地，最大树龄15年，庭院小生境。受砍伐影响，地形为坡地，土壤类型为黏壤土。种植年限为15年，现存1株，仅有1户种植。

植物学信息

1. 植株情况

生长势强，开始结果年龄为2年，副梢结实力弱。

2. 植物学特征

木质藤本，15年生，扦插繁殖。树势强，无固定树形，棚架架式，在当地不埋土露地越冬，单干。最大干周46cm。嫩梢茸毛极疏，梢尖茸毛不着色，成熟枝条为黄褐色。幼叶颜色为红棕色，茸毛极疏，叶下表面叶脉间无匍匐茸毛，叶脉间有极疏直立茸毛。成龄叶长21.8cm、宽17.3cm，心脏形。叶柄洼基部"V"形，开叠类型为轻度开张。叶缘锯齿呈双侧凸。两性花。

3. 果实性状

果穗平均长20.2cm、宽12.4cm，果穗圆锥形，无歧肩，有副穗，穗梗长5cm。果粒平均粒重2.7g，椭圆形，果粉中等，果皮蓝黑色，厚，有肉囊，汁少。果肉无香味，可溶性固形物含量14.5%。

4. 生物学习性

全树成熟期一致，成熟期落粒完全成熟后有中等落果现象，无二次结果习性。单株平均产量250kg，单株最高350kg。萌芽始期3月下旬，始花期4月下旬，果实始熟期7月下旬，果实成熟期9月中旬。

品种评价

该品种具有优质、高产等优点，利用部位为种子（果实）。主要病虫害种类为霜霉病，对寒、旱、涝、瘠、盐、风、日灼等恶劣环境抵抗能力中等。该品种不抗霜霉病。

植株

叶片正面

叶片背面

枝条

果实

白葡萄 2 号

Vitis davidii Foëx.'Baiputao 2'

调查编号：LIHXJJF014

所属树种：刺葡萄 *Vitis davidii* Foëx.

提供人：张举明
电　话：0745－7317345
住　址：湖南省怀化市洪江市黔城
　　　　镇高桥村彭家冲

调查人：姜建福
电　话：15824868197
单　位：中国农业科学院郑州果树
　　　　研究所

调查地点：湖南省怀化市洪江市黔城
　　　　　镇高桥村彭家冲

地理数据：GPS数据（海拔：293m，
　　　　　经度：E109°50'46"，纬度：N27°10'30"）

生境信息

来源于当地，最大树龄70年，庭院小生境。代表生长环境的建群种、优势种、标志种为葡萄、柑橘。受修路影响，地形为坡地，土壤类型为黏壤土。种植年限为35年，现存1株，仅有1户种植。

植物学信息

1. 植株情况

生长势强，开始结果年龄为2年，副梢结实力弱。

2. 植物学特征

木质藤本，35年生，分株繁殖。树势强，无固定树形，棚架架式，在当地不埋土露地越冬，单干。最大干周58cm。嫩梢茸毛极疏，梢尖茸毛不着色，成熟枝条为黄褐色。幼叶颜色为红棕色，茸毛极疏，叶下表面叶脉间无匍匐茸毛，叶脉间有极疏直立茸毛，成龄叶长22.2cm、宽18.2cm，心脏形。叶柄洼基部"V"形，半开张开叠类型。叶缘锯齿呈双侧凸。两性花。

3. 果实性状

果穗平均长13.3cm、宽7cm，平均穗重50g，最大穗重80g，果穗圆柱形，中，有副穗，穗梗长5cm。果粒纵径2.0cm、横径1.8cm，平均粒重2.4g。果粉薄，果皮黄绿色，厚，有肉囊。果肉汁液中等，无香味，可溶性固形物含量16%。

4. 生物学习性

全树成熟期一致，完全成熟后有轻微落果现象，可二次结果。单株平均产量350kg，单株最高500kg。萌芽始期3月下旬，始花期4月下旬，果实始熟期7月下旬，果实成熟期9月中旬。

品种评价

该品种具有优质、高产等优点，利用部位为种子（果实）。主要病虫害种类为霜霉病、介壳虫，对寒、旱、涝、瘠、盐、风、日灼等恶劣环境抵抗能力中等。该品种较口感好，果皮黄色。

植株

叶片正面

叶片背面

枝蔓

果实

红色米葡萄

Vitis davidii Foëx.'Hongsemiputao'

调查编号：LIHXJJF015

所属树种：刺葡萄 *Vitis davidii* Foëx.

提供人：张举明
电　话：0745－7317345
住　址：湖南省怀化市洪江市黔城镇高桥村彭家冲

调查人：姜建福
电　话：15824868197
单　位：中国农业科学院郑州果树研究所

调查地点：湖南省怀化市洪江市黔城镇高桥村彭家冲

地理数据：GPS数据（海拔：288m，经度：E109°50'47"，纬度：N27°10'31"）

生境信息

来源于当地，最大树龄100年，庭院小生境。受砍伐影响，地形为坡地，土壤类型为黏壤土。种植年限为2年，现存1株，仅有1户种植。

植物学信息

1. 植株情况

生长势强，开始结果年龄为2年，副梢结实力弱。

2. 植物学特征

木质藤本，2年生（从100多年的老树压条过来，老树已砍），分株繁殖。树势强，无固定树形，小棚架架式，在当地不埋土露地越冬，单干。最大干周6cm。嫩梢无茸毛，梢尖茸毛不着色，成熟枝条为黄色。幼叶颜色为红棕色，茸毛极疏，叶下表面叶脉间有极疏匍匐茸毛，叶脉间有极疏直立茸毛。成龄叶长18.3cm、宽16.0cm，心脏形。叶柄洼基部"V"形，树形开张。叶缘锯齿呈双侧凸。

3. 果实性状

果穗平均长9.0cm、宽6.0cm，果穗圆柱形，无歧肩，有副穗，穗梗长5cm，果穗较疏。果粒纵径1.7cm，横径1.5cm，倒卵形。果粉薄；果皮红黑色，厚，有肉囊。果肉汁液中等，无香味，可溶性固形物含量15%。

4. 生物学习性

全树成熟期一致，完全成熟后有轻微落果现象，无二次结果习性。单株平均产量350kg，单株最高500kg。萌芽始期3月下旬，始花期4月下旬，果实始熟期7月下旬，果实成熟期9月下旬。

品种评价

该品种具有优质、高产等优点，利用部位为种子（果实）。主要病虫害种类为霜霉病，对寒、旱、涝、瘠、盐、风、日灼等恶劣环境抵抗能力中等。该品种不耐贮运。

植株

叶片正面

叶片背面

枝条

果实

中方 1 号

Vitis davidii Foëx.'Zhongfang 1'

调查编号：LIHXJJF016

所属树种：刺葡萄 *Vitis davidii* Foëx.

提 供 人：石章友
电　　话：15807419889
住　　址：湖南省怀化市中方县牌楼镇白良村

调 查 人：姜建福
电　　话：15824868197
单　　位：中国农业科学院郑州果树研究所

调查地点：湖南省怀化市中方县牌楼镇白良村晒谷坪

地理数据：GPS数据（海拔：412m，经度：E109°56'45"，纬度：27°16'52"）

生境信息

来源于当地，最大树龄100年，旷野小生境。受耕地影响，地形为坡地，土壤类型为黏壤土，种植土地为耕地。种植年限为8年，现存1株，仅有1户种植。

植物学信息

1. 植株情况

生长势强，开始结果年龄为2年，副梢结实力弱。

2. 植物学特征

木质藤本，8年生，扦插繁殖。树势强，无固定树形，小棚架架式，在当地不埋土露地越冬，多干。最大干周18cm。嫩梢茸毛极疏，梢尖茸毛不着色，成熟枝条为黄褐色。幼叶颜色为红棕色，茸毛极疏，叶下表面叶脉间有极疏匍匐茸毛，叶脉间有极疏直立茸毛。成龄叶长21.2cm、宽16.5cm，心脏形。叶柄洼基部"V"形，半开张开叠类型。叶缘锯齿呈双侧凸。两性花。

3. 果实性状

果穗平均长23.0cm，宽12.0cm，果穗圆锥形，无歧肩，有副穗，穗梗长4cm，果穗较疏。果粒纵径1.8cm、横径1.8cm，圆形。果粉中等，果皮紫红或紫黑色，厚，有肉囊。果肉汁液中等，无香味，可溶性固形物含量15%。

4. 生物学习性

全树成熟期一致，完全成熟后有轻微落果现象，无二次结果习性。单株平均产量375kg，单株最高400kg。萌芽始期3月下旬，始花期4月下旬，果实始熟期7月下旬，果实成熟期9月下旬。

品种评价

该品种具有优质、高产等优点，利用部位为种子（果实）。主要病虫害种类为霜霉病，对寒、旱、涝、瘠、盐、风、日灼等恶劣环境抵抗能力中等。该品种坐果率好，成熟期晚（比湘珍珠晚20天），口感好。

植株

枝条

枝条

叶片

果实

中方 2 号

Vitis davidii Foëx.'Zhongfang 2'

调查编号：LIHXJJF017

所属树种：刺葡萄 *Vitis davidii* Foëx.

提 供 人：邓本现
电　　话：15226436964
住　　址：湖南省怀化市中方县牌楼镇白良村细冲

调 查 人：姜建福
电　　话：15824868197
单　　位：中国农业科学院郑州果树研究所

调查地点：湖南省怀化市中方县牌楼镇白良村细冲

地理数据：GPS数据（海拔：392m，经度：E109°57'02"，纬度：N27°17'26"）

生境信息

来源于当地，田间小生境。受耕作影响，地形为平地，土壤类型为黏壤土。种植年限为13年，现存1株，仅有1户种植。

植物学信息

1. 植株情况

生长势强，开始结果年龄为2年，副梢结实力弱。

2. 植物学特征

木质藤本，13年生，分株繁殖。树势强，无固定树形，棚架架式，在当地不埋土露地越冬，单干。最大干周31cm。嫩梢茸毛极疏，梢尖茸毛不着色，成熟枝条为黄色。幼叶颜色为红棕色，无茸毛，叶下表面叶脉间无匍匐茸毛，叶脉间有极疏直立茸毛。成龄叶长19.2cm、宽17.5cm，心脏形。叶柄洼基部"V"形，半开张开叠类型。叶缘锯齿呈双侧凸。两性花。

3. 果实性状

果穗平均长22.2cm、宽8.2cm，果穗圆柱形，无歧肩，有副穗，穗梗长4cm，果穗较疏。果粒纵径2.0cm、横径2.0cm，平均粒重3.1g，圆形。果粉中等，果皮厚，有肉囊，汁少。果肉无香味，可溶性固形物含量16.2%。

4. 生物学习性

全树成熟期一致，完全成熟后有轻微落果现象，无二次结果习性。单株平均产量250kg，单株最高300kg。萌芽始期3月下旬，始花期4月下旬，果实始熟期7月下旬，果实成熟期9月中旬。

品种评价

该品种具有优质、高产等优点，利用部位为种子（果实）。主要病虫害种类为霜霉病，对寒、旱、涝、瘠、盐、风、日灼等恶劣环境抵抗能力中等。该品种较口感好。

植株

叶片正面

枝叶

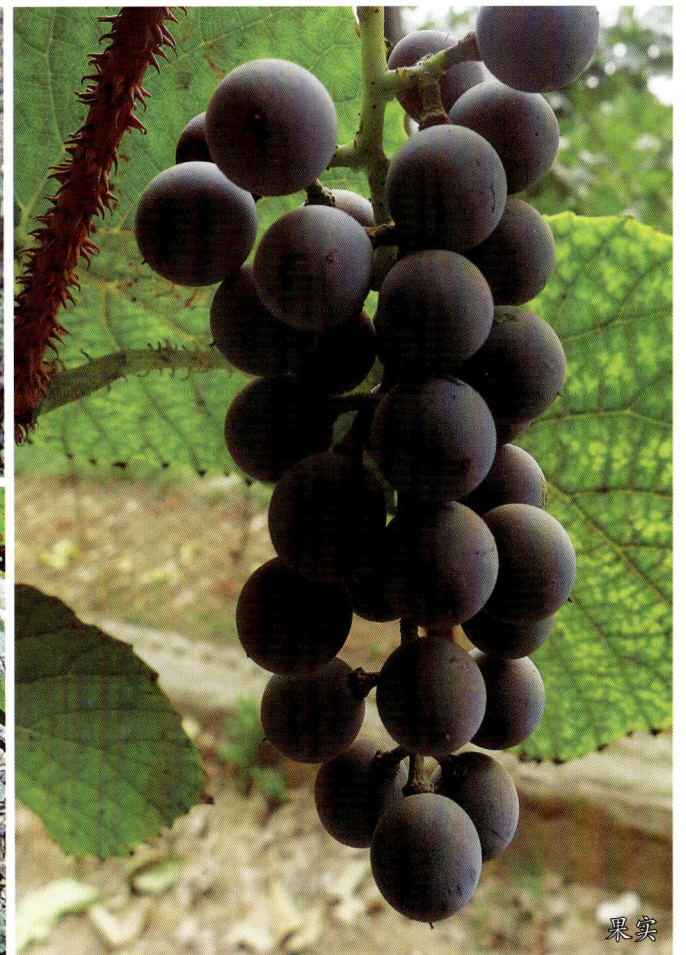
果实

会同1号

Vitis davidii Foëx.'Huitong 1'

调查编号： LIHXJJF018

所属树种： 刺葡萄 *Vitis davidii* Foëx.

提 供 人： 瞿通远
电　　话： 18747576089
住　　址： 湖南省怀化市会同县黄茅乡塘枫村瞿家团

调 查 人： 姜建福
电　　话： 15824868197
单　　位： 中国农业科学院郑州果树研究所

调查地点： 湖南省怀化市会同县黄茅乡塘枫村瞿家团

地理数据： GPS数据（海拔：363m，经度：E110°03'54"，纬度：N27°04'30"）

生境信息

来源于当地，最大树龄20年，田间小生境。受耕作影响，地形为平地，土壤类型为黏壤土。种植年限为20年，现存20株，仅有1户种植。

植物学信息

1. 植株情况

生长势强，开始结果年龄为2年，副梢结实力弱。

2. 植物学特征

木质藤本，20年生，扦插繁殖。树势强，无固定树形，棚架架式，在当地不埋土露地越冬，多干。最大干周13.5cm。嫩梢茸毛极疏，梢尖茸毛不着色，成熟枝条为黄色。幼叶颜色为红棕色，茸毛极疏，叶下表面叶脉间有极疏匍匐茸毛，叶脉间有极疏直立茸毛。成龄叶长19.1cm、宽15.0cm，心脏形。叶柄洼基部"V"形，开叠类型为轻度开张。叶缘锯齿呈双侧凸。两性花。

3. 果实性状

果穗平均长22.0cm、宽11.1cm，果穗圆锥形，无歧肩，有副穗，穗梗长5.5cm。果粒纵径1.9cm、横径1.9cm，椭圆形。果粉中等，果皮蓝黑色，厚，有肉囊。果肉汁液中，无香味，可溶性固形物含量15%。

4. 生物学习性

全树成熟期一致，完全成熟后有轻微落果现象，可二次结果。单株平均产量275kg，单株最高350kg，每667m²产量3500kg。萌芽始期3月下旬，始花期5月上旬，果实始熟期6月下旬，果实成熟期7月中旬。

品种评价

该品种具有优质、高产等优点，利用部位为种子（果实）。主要病虫害种类为霜霉病，该品种在农历6底上市，7月中旬卖完，比巨峰早上市10～15天（当地），而其他刺葡萄都比巨峰晚。不抗霜霉病、耐贮运。

植株

叶片

枝叶

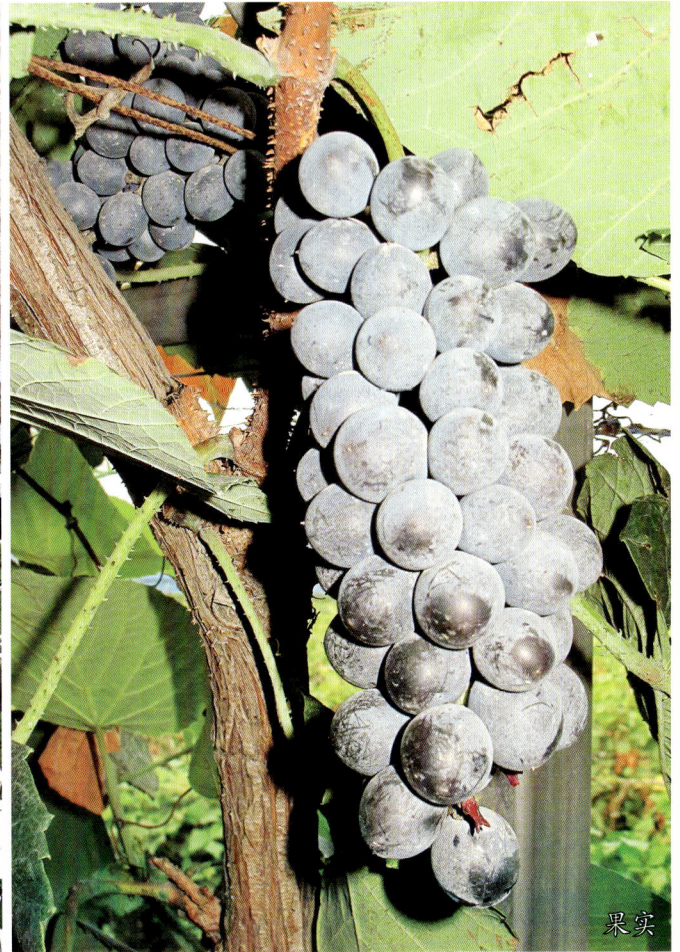
果实

会同米葡萄

Vitis davidii Foëx.'Huitongmiputao'

调查编号： LIHXJJF019

所属树种： 刺葡萄 *Vitis davidii* Foëx.

提 供 人： 瞿通远
电　　话： 18747576089
住　　址： 湖南省怀化市会同县黄茅乡塘枧村瞿家团

调 查 人： 姜建福
电　　话： 15824868197
单　　位： 中国农业科学院郑州果树研究所

调查地点： 湖南省怀化市会同县黄茅乡塘枧村瞿家团

地理数据： GPS数据（海拔：348m，经度：E110°03'54"，纬度：N27°03'89"）

生境信息

来源于当地，最大树龄150年（可能几百年），庭院小生境。受耕地影响，地形为平地，土壤类型为黏壤土。种植年限为25年，现存12株，仅有1户种植。

植物学信息

1. 植株情况

生长势强，开始结果年龄为2年，副梢结实力弱。

2. 植物学特征

木质藤本，25年生，扦插繁殖。树势强，棚架架式，在当地不埋土露地越冬，单干。最大干周41cm。嫩梢茸毛极疏，梢尖茸毛不着色，成熟枝条为黄色，叶下表面叶脉间有极疏匍匐茸毛，叶脉间有极疏直立茸毛。成龄叶长22.8cm、宽21.2cm，心脏形。叶柄洼基部"V"形，半开张开叠类型。叶缘锯齿呈双侧凸。两性花。

3. 果实性状

果穗平均长15.2cm、宽8.1cm，果穗椭圆形，无歧肩，有副穗，穗梗长4cm，果穗较疏。果粒椭圆形，果粉中等，果皮蓝黑色、厚，有肉囊。果肉汁液中等，无香味，可溶性固形物含量15%。

4. 生物学习性

全树成熟期一致，完全成熟后有轻微落果现象，可二次结果。单株平均产量425kg，单株最高450kg，每667m²产量4000kg。萌芽始期3月下旬，始花期5月上旬，果实始熟期7月下旬，果实成熟期9月上旬。

品种评价

该品种具有优质、高产、较抗霜霉病等优点，利用部位为种子（果实）。主要病虫害种类为白粉病，对寒、旱、涝、瘠、盐、风、日灼等恶劣环境抵抗能力中等。该品种较抗霜霉病，贮运较差。产量高，口感好。

植株

叶片正面

叶片背面

树干

枝条

塘尾葡萄

Vitis davidii Foëx.'Tangweiputao'

调查编号：LIHXJJF020

所属树种：刺葡萄 *Vitis davidii* Foëx.

提 供 人：李家光
电　　话：13870331952
住　　址：江西省上饶市玉山县横街
　　　　　镇圹尾村

调 查 人：姜建福
电　　话：15824868197
单　　位：中国农业科学院郑州果树
　　　　　研究所

调查地点：江西省上饶市玉山县横街
　　　　　镇圹尾村大坪

地理数据：GPS数据（海拔：114m，
　　　　　经度：E118°10'45"，纬度：N28°42'57"）

生境信息

来源于当地，最大树龄45年，田间小生境。受耕作影响，地形为坡地，土壤类型为黏壤土，种植土地为耕地。种植年限为35年，现存1株，仅有1户种植。

植物学信息

1. 植株情况

生长势强，开始结果年龄为2年，副梢结实力弱。

2. 植物学特征

木质藤本，35年生，嫁接繁殖，砧木为野葡萄（华东葡萄）。树势强，架式为自由攀附，在当地不埋土露地越冬，多干。最大干周12cm。嫩梢无茸毛，梢尖茸毛不着色，成熟枝条为黄色，幼叶颜色为绿色带有黄斑，茸毛极疏，叶下表面叶脉间无匍匐茸毛，叶脉间有极疏直立茸毛。成龄叶长23.2cm、宽21.5cm，心脏形。叶柄洼基部"V"形，半开张开叠类型。叶缘锯齿呈双侧凸。两性花。

3. 果实性状

果穗平均长17.5cm、宽7cm，平均穗重118.3g，最大穗重195g，果穗圆锥形，无歧肩，有副穗，穗梗长4cm。果粒纵径2.0cm、横径2.1cm，平均粒重2.9g，圆形。果粉中等，果皮紫黑色，厚，有肉囊。果肉汁液中等，无香味，可溶性固形物含量16%。

4. 生物学习性

全树成熟期一致，完全成熟后有轻微落果现象，无二次结果习性。单株平均产量75kg，单株最高100kg。萌芽始期3月下旬，始花期4月中旬，果实始熟期农历7月中旬，果实成熟期农历8月上旬。

品种评价

该品种具有优质、抗病，耐贫瘠等优点，利用部位为种子（果实）。对寒、旱、涝、瘠、盐、风、日灼等恶劣环境抵抗能力强。该品种较口感好，营养成分高，抗病。

植株

叶片正面

叶片背面

枝条

植株

树干

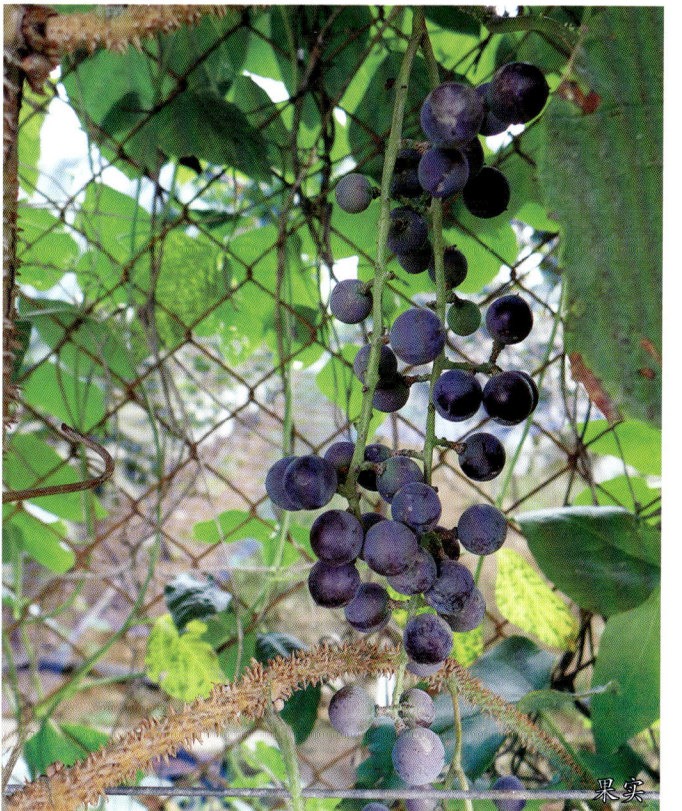

果实

洪江无名刺葡萄

Vitis davidii Foëx.
'Hongjiangwumingciputao'

调查编号：LIHXJJF027

所属树种：刺葡萄 *Vitis davidii* Foëx.

提 供 人：瞿世顺
电　　话：13762956148
住　　址：湖南省怀化市洪江市双溪镇

调 查 人：姜建福
电　　话：15824868197
单　　位：中国农业科学院郑州果树
研究所

调查地点：湖南省怀化市洪江市双溪
镇双溪村

地理数据：GPS数据（海拔：258m,
经度：E109°51'54",纬度：N27°14'30"）

生境信息

来源于当地，最大树龄50。受耕作影响，庭院小生境。地形为坡地，土壤类型为黏壤土，种植土地为耕地。种植年限为30年，现存5株，仅有1户种植。

植物学信息

1. 植株情况

生长势强，开始结果年龄：2年生。副梢结实力弱。

2. 植物学特征

木质藤本，15年生，扦插繁殖。树势强，无固定树形，小棚架架式，在当地不埋土露地越冬，单干。最大干周20cm。嫩梢无茸毛，梢尖茸毛不着色。幼叶颜色为黄绿色，茸毛无，叶脉间直立无茸毛。成龄叶长24.5cm、宽20cm，心脏形。叶缘锯齿呈双侧凸。两性花。

3. 果实性状

果穗平均长25cm、宽12cm，平均穗重540g，最大穗重650g，果穗分枝形，有副穗，穗梗长3cm。果粒圆形。果粉中等，果皮紫黑色，厚，有肉囊。果肉汁液中等，香味淡，可溶性固形物含量15%。

4. 生物学习性

全树成熟期一致，完全成熟后有轻微落果现象，可二次结果。萌芽始期3月下旬，始花期4月下旬，果实始熟期农历7月下旬，果实成熟期农历9月中旬。

品种评价

该品种具有优质、高产、耐贫瘠等优点，利用部位为种子（果实）。主要病害为霜霉病。

叶片

花序

果实

玉山水晶葡萄

Vitis vinifera L.'Yushanshuijing'

调查编号：LIHXJJF022

所属树种：葡萄 *Vitis vinifera* L.

提供人：钱生达
电　话：－
住　址：江西省上饶市玉山县玉虹园109号

调查人：姜建福
电　话：15824868197
单　位：中国农业科学院郑州果树研究所

调查地点：江西省上饶市玉山县玉虹园109号虹桥口

地理数据：GPS数据（海拔：118m，经度：E118°15'05"，纬度：N28°40'20"）

生境信息

来源于当地，最大树龄35～40年，庭院小生境。受修路、城市扩建影响，地形为平地，土壤类型为黏壤土。种植年限为35年，现存2株，仅有1户种植。

植物学信息

1. 植株情况

生长势强，开始结果年龄为2年，副梢结实力中等。

2. 植物学特征

木质藤本，35年生，实生繁殖。树势强，无固定树形，棚架架式，在当地不埋土露地越冬，单干。最大干周38cm。嫩梢茸毛极疏，梢尖茸毛不着色，成熟枝条为暗褐。幼叶颜色为黄绿色，茸毛极疏，叶下表面叶脉间有极疏匍匐茸毛，叶脉间有极疏直立茸毛。成龄叶长20.8cm、宽16.6cm。叶柄洼基部"V"形，树形开张。叶缘锯齿呈双侧凸。两性花。

3. 果实性状

果穗平均长8.2cm、宽5.6cm，果穗圆锥形，无歧肩，有副穗，穗梗长4cm，果穗中。果粒纵径1.3cm、横径1.2cm，椭圆形。果粉薄，果皮为紫红色，厚度中等。果肉质地软，汁液中等，无香味。

4. 生物学习性

全树成熟期一致，完全成熟后有轻微落果现象，可二次结果。单株平均产量150kg，单株最高175kg。萌芽始期3月中旬，始花期4月上旬，果实始熟期7月中旬，果实成熟期8月上旬。

品种评价

该品种具有优质、抗病等优点，利用部位为种子（果实）。对寒、旱、涝、瘠、盐、风、日灼等恶劣环境抵抗能力强。调查用户主要用来遮阴。

植株

叶片

枝干

果实

玫瑰蜜
（华夫人）

Vitis vinifera L.'Meiguimi'

○ 调查编号：LIHXJJF023

○ 所属树种：葡萄 *Vitis vinifera* L.

○ 提 供 人：赵荣生
电　　话：18987612499
住　　址：云南省文山壮族苗族自治
州丘北县叭道哨彝族乡太
阳魂酒庄

○ 调 查 人：姜建福
电　　话：15824868197
单　　位：中国农业科学院郑州果树
研究所

○ 调查地点：云南省文山壮族苗族自治
州丘北县叭道哨彝族乡普
者黑风景区

○ 地理数据：GPS数据（海拔：1449m，
经度：E104°06'04"，纬度：N24°05'82"）

生境信息

来源于当地，田间小生境。地形为平地，土壤类型为黏土，种植土地为耕地。种植年限为10年，种植面积200hm²。

植物学信息

1. 植株情况

生长势中等，开始结果年龄为2年，副梢结实力中等。

2. 植物学特征

木质藤本，10年生。中等树势，篱壁式架式，在当地不埋土露地越冬。成熟枝为暗褐色。幼叶颜色为黄绿色，叶下表面叶脉间匍匐茸毛密，心脏形，上缺刻浅。叶柄洼基部"V"形，黄绿，半开张开叠类型。叶缘有锯齿。两性花。

3. 果实性状

果穗平均长20cm、宽10cm，平均穗重200g，果穗圆锥形，无歧肩，果穗紧。果粒圆形。果粉厚，果皮厚度适中。果肉颜色中等深，质地软汁液适中，具玫瑰香味且香味浓。可溶性固形物含量17%。

4. 生物学习性

全树成熟期一致，成熟期落粒完全成熟后有中等落果现象，无二次结果习性。单株平均产量6kg，单株最高8kg，每667m²产量1500kg。萌芽始期3月上旬，始花期4月中旬，果实始熟期6月下旬，果实成熟期7月中旬。

品种评价

该品种具有优质、高产、抗病（霜霉病、较抗白粉病）、耐贫瘠等优点，酿酒等，利用部位为种子（果实）。主要病虫害种类为炭疽病、白腐病、大小斑病；对寒、旱、涝、瘠、盐、风、日灼等恶劣环境抵抗能力中等。繁殖方法扦插，该品种是加工酿酒与鲜食结合的品种，树势强健，生长旺盛，极性中等，极早产，丰产稳产。

植株

叶片正面

叶片背面

果实

云南水晶

Vitis vinifera L.'Yunnanshuijing'

调查编号：LIHXJJF024

所属树种：葡萄 *Vitis vinifera* L.

提供人：赵荣生
电　话：18987612499
住　址：云南省文山壮族苗族自治州丘北县叭道哨彝族乡太阳魂酒庄

调查人：姜建福
电　话：15824868197
单　位：中国农业科学院郑州果树研究所

调查地点：云南省文山壮族苗族自治州丘北县叭道哨彝族乡普者黑风景区

地理数据：GPS数据（海拔：1449m，经度：E104°06'04"，纬度：N24°05'82"）

生境信息

来源于当地，田间小生境。受耕作影响，地形为平地，土壤类型为黏土。种植年限为10年。

植物学信息

1. 植株情况

生长势中等，开始结果年龄为2年，副梢结实力弱。

2. 植物学特征

木质藤本，10年生，扦插繁殖。中等树势，篱壁式架式，在当地不埋土露地越冬，单干。最大干周5cm。嫩梢茸毛中等，梢尖茸毛着色中等，成熟枝为暗褐色。幼叶黄绿色，茸毛，疏，叶下表面叶脉间有极疏匍匐茸毛，叶脉间有极疏直立茸毛，心脏形，裂片数达5裂，上缺刻中等、开张。叶柄洼基部"V"形，树形开张。叶缘锯齿呈双侧凸。两性花。

3. 果实性状

平均穗重200g，果穗圆锥形，无歧肩。果粒圆形。果粉厚，果皮为黄绿色。可溶性固形物含量14%。

4. 生物学习性

全树成熟期一致，完全成熟后有轻微落果现象，可二次结果。萌芽始期3月上旬，始花期3月下旬，果实始熟期6月上旬，果实成熟期7月下旬至8月上旬。

品种评价

该品种具有优质、耐贫瘠等优点，利用部位为种子（果实）。该品种较口香味浓，树势强健，极性较缓和。抗逆性较强，极早产，丰产，稳产。

植株

果实

红玫瑰

Vitis vinifera L.'Hongmeigui'

调查编号： LIHXJJF025

所属树种： 葡萄 *Vitis vinifera* L.

提 供 人： 赵荣生
电　　话： 18987612499
住　　址： 云南省文山壮族苗族自治
州丘北县叭道哨彝族乡太
阳魂酒庄

调 查 人： 姜建福
电　　话： 15824868197
单　　位： 中国农业科学院郑州果树
研究所

调查地点： 云南省文山壮族苗族自治
州丘北县叭道哨彝族乡普
者黑风景区

地理数据： GPS数据（海拔： 1449m，
经度： E104°06'04"，纬度： N24°05'82"）

生境信息

来源于当地，田间小生境。受修路、城市扩建影响，地形为平地，土壤类型为黏土。种植年限为10年，现存1株。

植物学信息

1. 植株情况

植株生长势中等偏弱。

2. 植物学特征

木质藤本，10年生，中等树势，小棚架架式，在当地不埋土露地越冬。嫩梢绿色，带浅紫褐色，有中等密白色茸毛。幼叶深绿色，带浅紫褐色，厚主要叶脉紫红色，上表面有光泽，茸毛中等多，下表面密生白色茸毛。成龄叶片心脏形，中等大，深绿色，较厚。叶片5~7裂，上裂刻深，下裂刻浅。叶柄洼开张椭圆形。枝条黄褐色，有浅褐色条纹，表面有粉状物。节间中等长或短，中等粗。两性花，二倍体。

3. 果实性状

果穗圆锥形，大，穗长16.6cm、宽11.9cm，平均穗重347.4g，最大穗重1000g以上，果穗大小整齐。果粒着生紧密，近圆形或扁圆形，粉红色，纵径2.2cm、横径2.4cm，平均粒重7.1g，最大粒重10g。果粉薄，果皮薄，无涩味。每果粒含种子2~3粒，多为4粒。种子梨形，较小，褐色。可溶性固形物含量为13%~18%，总糖含量为12.3%，可滴定酸含量为0.83%。鲜食品质上等。

4. 生物学习性

隐芽萌发力强，新梢和夏芽副梢结实力均中等，副芽萌芽力中等。芽眼萌发率为69.5%，结果枝占萌芽总数的58.5%。每果枝平均着生果穗数为1.99个。早果性好，正常结果树一般产果30000kg/hm²。4月23日萌芽，6月8日开花，8月7日浆果成熟。从开花至浆果成熟需107天。在河北昌黎地区，8月中旬浆果成熟，二次果亦能成熟。在石家庄，7月上旬至中旬成熟。抗逆性中等。抗病力中等，不抗炭疽病、白腐病。

品种评价

此品种为极早熟鲜食品种。有较浓玫瑰香味，鲜食品质上等。结果系数高，坐果好，不裂果，不脱粒，耐运输。丰产性强，负载过大，浆果延迟成熟。注意防治白腐病和炭疽病，可适度密植。适合半干旱、干旱地区种植，棚、篱架栽培均可，以短梢修剪为主。

植株

叶背

枝干

果实

茨中教堂（法国怡）

Vitis vinifera L.'Cizhongjiaotang'

调查编号：LIHXJJF026

所属树种：葡萄 *Vitis vinifera* L.

提 供 人：赵荣生
电　　话：18987612499
住　　址：云南省文山壮族苗族自治
　　　　　州丘北县叭道哨彝族乡太
　　　　　阳魂酒庄

调 查 人：姜建福
电　　话：15824868197
单　　位：中国农业科学院郑州果树
　　　　　研究所

调查地点：云南省文山壮族苗族自治
　　　　　州丘北县叭道哨彝族乡普
　　　　　者黑风景区

地理数据：GPS数据（海拔：1449m，
　　　　　经度：E104°06'04"，纬度：N24°05'82"）

生境信息

来源于当地，田间小生境。受耕作影响，地形为平地，土壤类型为黏土，种植土地为耕地。

植物学信息

1. 植株情况

植株生长势极强。

2. 植物学特征

木质藤本，10年生，嫩梢茸毛极疏，梢尖茸毛着色极浅，成熟枝为红褐色。幼叶颜色为黄绿色，茸毛极疏，叶下表面叶脉间有极疏匍匐茸毛，裂片数达三裂，上缺刻极浅，开张。叶柄洼基部"V"形，半开张开叠类型。叶缘锯齿呈双侧凸。雌能花。二倍体。

3. 果实性状

果穗圆锥形，特大，穗长24~30cm、宽18~23cm，平均穗重700g，最大穗重2600g，果穗大小整齐。果粒着生紧密，倒卵形，紫黑色，大，纵径2.8~3.4cm、横径2.1~2.5cm，平均粒重12g。果粉厚，果皮厚而韧，稍有涩味。果肉脆，无肉囊，果汁多，绿黄色，味甜，稍有玫瑰香味。每果粒含种子1~3粒，多为2粒。种子与果肉易分离，可溶性固形物含量为18%~19%。鲜食品质上等。

4. 生物学习性

隐芽萌发力强，萌发的新梢结实力中等，芽眼萌发率为95%，成枝率为98%，枝条成熟度好。结果枝占芽眼总数的90%，每果枝平均着生果穗数为1.13~1.27个。正常结果树产果27500kg/hm²（110株/666.7m²，高宽垂架式）。4月3~13日萌芽，5月17~27日开花，8月17~27日浆果成熟。从萌芽至浆果成熟需131~146天，此期间活动积温为2933.4~3276.9℃。浆果中熟。抗病力强。

品种评价

易感白粉病。该品种的酿酒品质佳，也可鲜食。果穗大，味甘甜，爽口。易着色，外观美丽。不脱粒，少裂果，坐果率高，极丰产，易栽培。要严格疏花疏果。

植株

果实

枝条

叶片

李子香

Vitis vinifera L.'Lizixiang'

调查编号： LIHXJJF029

所属树种： 葡萄 *Vitis vinifera* L.

提供人： 张晓荣
电话： 13931302532
住址： 河南省张家口市宣化葡萄研究所

调查人： 姜建福
电话： 15824868197
单位： 中国农业科学院郑州果树研究所

调查地点： 河北省张家口市宣化区北门外

地理数据： GPS数据（海拔： -m，经度： E115°03'22"，纬度： N40°37'55"）

生境信息

来源于当地，最大树龄100年，受新品种引进的影响。

植物学信息

1. 植株情况

植株生长势中等。

2. 植物学特征

嫩梢黄绿色，带紫红色，中部着生少量刺状毛。顶部幼叶浅紫红色，上表面稍有光泽，下表面着生稀疏茸毛。成龄叶片近圆形，较小，黄绿色，上表面平滑，有光泽，下表面叶脉有刺状毛，叶脉近叶片基部处为粉红色。叶片5裂，上裂刻中等深，下裂刻浅。叶柄洼窄拱形。两性花。二倍体。

3. 果实性状

果穗双或单歧肩圆锥形，大，穗长20cm、宽13.2cm，平均穗重450g左右，最大穗重1700g，果穗大小整齐。果粒着生紧密，椭圆形或近圆形，紫红色，较大，纵径2.1cm、横径2.0cm，平均粒重5.4g，最大粒重8.5g。果皮中等厚较韧。果肉脆，味甜，有浓玫瑰香味。每果粒含种子2～5粒，多为4粒。种子中等大，与果肉易分离，可溶性固形物含量为17.5%～19.9%，高的可达21%。鲜食品质上等。

4. 生物学习性

芽眼萌发率为59.7%，枝条成熟度较好。结果枝占芽眼总数的48.3%。每果枝平均着生果穗数为1.7个。副芽结实力中等，副梢结实力较弱。早果性好，一般定植后第二年即可结果。正常结果树产果22500～30000kg/hm²。4月中下旬萌芽，5月底至6月初开花，9月中下旬浆果成熟。从萌芽至浆果成熟需148天，此期间活动积温为3007.8℃。浆果晚熟。抗病力中等。抗裂果。易感日灼病。

品种评价

此品种为晚熟鲜食品种。果穗大，果粒较大，外观美丽，果肉脆甜，具浓郁玫瑰香味，品质优良。较丰产。抗病力与玫瑰香品种相似。应加强肥水管理，以保证树势。因结果枝率中等，抹芽定枝可适当推迟，以确保多留结果枝。抹芽定枝时要考虑适当的留枝密度，夏管中要注意在果穗周围适当多留叶片遮掩果穗，以防日灼。篱架或小棚架栽培均可，宜采用中梢为主、长中短梢相结合的修剪方法。

新梢

叶片正面

叶片背面

果实

牛奶白葡萄

Vitis vinifera L.'Niunaibaiputao'

○ 调查编号：LIHXJJF032

▤ 所属树种：葡萄 *Vitis vinifera* L.

▤ 提 供 人：米永海
电　　话：13603137053
住　　址：河北省张家口市宣化区春
光乡观后村

▤ 调 查 人：孙海生
电　　话：13643810052
单　　位：中国农业科学院郑州果树
研究所

◎ 调查地点：河北省张家口市宣化区春
光乡观后村

◉ 地理数据：GPS数据（海拔：672m，
经度：E115°03′24″，纬度：N40°37′16″）

生境信息

来源于当地，最大树龄超过500年，主要种植于庭院，地形为平地，土壤类型为黏壤土，现存13株，面积2667m²左右，由于受到城市扩建、新品种更新换代等原因，栽培面积日益缩小。

植物学信息

1. 植株情况

生长势强，开始结果年龄为3年。

2. 植物学特征

繁殖方法为扦插，树势强，龙干形，棚架，在当地需要埋土露地越冬，多干，最大干周40cm。藤本，嫩梢茸毛极疏，梢尖茸毛着色极浅，成熟枝条红褐色。幼叶黄绿色，叶下表面叶脉间匍匐茸毛极疏，叶脉间直立茸毛极疏。成龄叶呈心脏形，平均叶长18.0cm、宽17.0cm，裂片数为五裂或三裂，上缺刻深。叶柄洼基部"V"形，轻度开张。叶缘锯齿为双侧凸，革质光滑。两性花。

3. 果实性状

果穗平均长22.0cm、宽15.0cm，平均穗重600g，最大穗重2000g，圆锥形，无歧肩，有副穗，紧密度中等。果粒平均纵径长3.0cm、横径2.0cm，平均粒重8.3g，长圆形。果粉薄，果皮黄绿色，厚度薄。果肉无颜色，质地脆，汁液少，有淡淡的青草味，可溶性固形物含量20.0%左右。

4. 生物学习性

全树成熟期一致，成熟时有轻微落果现象，在当地4月上旬萌芽，5月上旬开花，9月下旬果实成熟，平均667m²产量1500kg。

品种评价

肉脆爽口，品质优良，抗旱，果粒大，果形奇特。主要病虫害种类为炭疽病、霜霉病、绿盲蝽；对寒、旱、涝、瘠、盐、风、日灼等恶劣环境抵抗能力中等。

果实

叶片

果实

春光龙眼葡萄

Vitis vinifera L.'Chunguanglongyanputao'

调查编号： LIHXJJF033

所属树种： 葡萄 *Vitis vinifera* L.

提 供 人： 米永海
电　　话： 13603137053
住　　址： 河北省张家口市宣化区春光乡观后村

调 查 人： 孙海生
电　　话： 13643810052
单　　位： 中国农业科学院郑州果树研究所

调查地点： 河北省张家口市宣化区春光乡观后村

地理数据： GPS数据（海拔：672m，经度：E115°03'24"，纬度：N40°37'16"）

生境信息

来源于当地，最大树龄超过800年，主要种植于庭院，地形为平地。土壤类型为黏壤土，现存40株，面积0.33hm² 左右，由于受到城市扩建、新品种更新换代等原因，栽培面积日益缩小。

植物学信息

1. 植株情况

生长势强，开始结果年龄为3年。

2. 植物学特征

繁殖方法为扦插，树势强，龙干形，棚架，在当地需要埋土露地越冬，多干，最大干周20cm。藤本，嫩梢绿色，有稀疏白色茸毛，表面有光泽。成龄叶片肾形，中等大，绿色或深绿色，厚叶缘常反卷。叶片3或5裂，上裂刻深，闭合或开张，基部"V"形，下裂刻浅或较深，开张。叶缘锯齿钝双侧凸型，半圆顶形或三角形，大小不一致。叶柄多短于主脉，少数长于主脉，粗，红褐色或浅绿色，无茸毛。

3. 果实性状

果穗歧肩呈圆锥形或五角形，带副穗，穗长17.4～34.0cm、宽14～20cm，平均穗重694g，最大穗重3000g，大小整齐。果粒着生中等紧密，近圆形，宝石红或紫红色，有的带深紫色条纹，表面有较明显的褐色小斑点，大，纵径2.18cm、横径2.06cm，平均粒重6.1g，最大粒重12g。果粉厚灰白色，果皮中等厚坚韧。果肉致密，较柔软，白绿色，果汁多，味酸甜，无香味。每果粒含种子2～4粒，多为3粒。种子椭圆形，中等大，深褐色。种脐明显，中间凹陷，顶沟宽而较深，缘中等大而圆。在怀来，可溶性固形物含量为20.4%，可滴定酸含量为0.9%。

4. 生物学习性

全树成熟期一致，成熟时有轻微落果现象，在当地4月上旬萌芽，6月上旬开花，10月上旬果实成熟，平均667m²产量1250kg。

品种评价

外观美丽，甜酸爽口。耐贮运性良好。结实力强，易管理。主要病虫害种类为炭疽病、霜霉病、绿盲蝽；对寒、旱、涝、瘠、盐、风、日灼等恶劣环境抵抗能力弱。

果实

宣化马奶

Vitis vinifera L.'Xuanhuamanai'

调查编号： LIHXJJF034

所属树种： 葡萄 *Vitis vinifera* L.

提 供 人： 米永海
电　　话： 13603137053
住　　址： 河北省张家口市宣化区春
　　　　　光乡观后村

调 查 人： 孙海生
电　　话： 13643810052
单　　位： 中国农业科学院郑州果树
　　　　　研究所

调查地点： 河北省张家口市宣化区春
　　　　　光乡观后村

地理数据： GPS数据（海拔：637m，
　　　　　经度：E115°03'28"，纬度：N40°37'16"）

生境信息

来源于外地，田间小生境。受耕作、修路的影响。地形为坡地，土壤类型为砂壤土，种植土地为耕地。种植年限为50年，现存50株。

植物学信息

1. 植株情况

生长势中等，开始结果年龄为3年，每结果枝上平均果穗数1个。

2. 植物学特征

藤本，50年生。扦插繁殖。中等树势，树形扇形。小棚架架式，在当地埋土越冬。多干，最大干周40cm，叶片心脏形，裂片数达五裂，上缺刻中。叶缘锯齿呈双侧凸。第一花序着生在3~4节。两性花。

3. 果实性状

果穗平均长19.5~24.0cm、宽13~15.5cm，平均穗重581g，最大穗重700g，圆锥形，较疏。果粒纵径2.1~2.9cm、横径1.8~2.2cm，平均粒重5.4g，椭圆形。果粉薄，果皮为黄绿色，薄。果肉脆，汁液中等，无香味。

4. 生物学习性

完全成熟后有轻微落果现象。萌芽始期5月上旬，始花期6月上旬，果实成熟期8月下旬。

品种评价

该品种具有抗旱、耐贫瘠等优点。利用部位为种子（果实），主要病虫害种类为白腐病。对寒、旱、涝、瘠、盐、风、日灼等恶劣环境抵抗能力中等。

植株

叶片

果实

昌黎马奶

Vitis vinifera L.'Changlimanai'

调查编号： LIHXJJF036

所属树种： 葡萄 *Vitis vinifera* L.

提 供 人： 米永海
电　　话： 13603137053
住　　址： 河北省张家口市宣化区春
　　　　　 光乡观后村

调 查 人： 孙海生
电　　话： 13643810052
单　　位： 中国农业科学院郑州果树
　　　　　 研究所

调查地点： 河北省秦皇岛市昌黎县十
　　　　　 里铺乡葡萄沟

地理数据： GPS数据（海拔：637m，
　　　　　 经度：E119°05'57"，纬度：N39°45'24"）

生境信息

　　来源于外地，庭院小生境。受砍伐影响,地形为坡地，土壤类型为黏土，种植土地为耕地。种植年限为100年，现存1株。

植物学信息

1. 植株情况

　　生长势强，开始结果年龄为3年，每结果枝上平均果穗数1.04个。

2. 植物学特征

　　藤本，50年生。扦插繁殖。中等树势，树形扇形。棚架架式，在当地埋土越冬。多干，最大干周达50cm。幼叶黄绿，心脏形，裂片数达5裂或7裂，上缺刻深。第一花序着生在3~4节，第二花序着生在5~6节。两性花。

3. 果实性状

　　果穗平均长22.1~27.8cm、宽11.3~13.2cm，平均穗重250~400g，圆锥形，有副穗，较疏。果粒纵径3.0cm、横径1.7cm，平均粒重5.4g，长椭圆形。果粉薄，果皮为黄绿色，薄。果肉较脆，汁液多。

4. 生物学习性

　　成熟期有中等落粒现象。萌芽始期4月中旬，始花期5月中旬，果实成熟期8月中旬。

品种评价

　　该品种具有优质、抗旱、耐盐酸、耐贫瘠等优点。利用部位为种子（果实），主要病虫害种类为霜霉病。

生境

植株

昌黎玫瑰香

Vitis vinifera L.'Changlimeiguixiang'

调查编号：LIHXJJF037

所属树种：葡萄 *Vitis vinifera* L.

提 供 人：米永海
电　　话：13603137053
住　　址：河北省张家口市宣化区春
　　　　　光乡观后村

调 查 人：孙海生
电　　话：13643810052
单　　位：中国农业科学院郑州果树
　　　　　研究所

调查地点：河北省秦皇岛市昌黎县十
　　　　　里铺乡葡萄沟

地理数据：GPS数据（海拔：637m，
　　　　　经度：E119°05'57"，纬度：N39°45'24"）

生境信息

来源于当地。

植物学信息

1. 植株情况

植株生长势较强。

2. 植物学特征

嫩梢绿色，有稀疏茸毛。幼叶绿色，微带红色，上、下表面无茸毛，有光泽。成龄叶片心脏形，中等大，绿色，薄，平展，上表面光滑无茸毛，下表面有稀疏茸毛，5裂，上裂刻深，下裂刻中等深。叶缘锯齿钝。叶柄洼拱形，长。卷须分布不连续。枝条横断面呈扁圆形，节部浅褐色，节间浅褐色，中等长。两性花。

3. 果实性状

果穗圆锥形带副穗，较大，穗长24.5cm、宽13.3cm，平均穗重430g。果粒着生中等紧密，近椭圆形，紫色或紫红色，较大，纵径1.8cm、横径1.8cm，平均粒重4.53g。果皮薄，与果肉不易分离。果肉较脆，汁多，浅黄色，味酸甜，果刷中等长，每果粒含种子2～4粒，多为3粒。种子中等大，浅褐色，与果肉易分离。可溶性固形物含量为16%～18%。鲜食品质中等。

4. 生物学习性

芽眼萌发率为62.5%。结果枝占芽眼总数的33.2%。每果枝平均着生果穗数为1.01个。隐芽萌发的新梢和夏芽副梢结实力均弱。4月中旬萌芽，5月中、下旬开花，7月中旬新梢开始成熟，9月初浆果成熟。从萌芽至浆果成熟需148天，此期间活动积温为3856.3℃。浆果晚熟。

品种评价

此品种为晚熟鲜食品种。也可用于酿酒，酿酒品质优良，丰产性好。耐贮运性较强，抗寒、抗旱和抗病力均较好。棚、篱架栽培均可，宜多主蔓扇形整形，以中梢修剪为主。多用于庭院栽培。

植株

生境

枝叶

叶片

果实

康百万无核白

Vitis vinifera L.'Kangbaiwanwuhebai'

调查编号： LIHXJJF038

所属树种： 葡萄 *Vitis vinifera* L.

提 供 人： 姜建福
电　　话： 15824868197
住　　址： 中国农业科学院郑州果树
　　　　　研究所

调 查 人： 姜建福
电　　话： 15824868197
单　　位： 中国农业科学院郑州果树
　　　　　研究所

调查地点： 河南省郑州市巩义市康
　　　　　百万景区

地理数据： GPS数据（海拔：200m，
　　　　　经度：E112°56'42"，
　　　　　纬度：N34°45'48"）

生境信息

最大树龄500年。

植物学信息

1. 植株情况

植株生长势强。

2. 植物学特征

嫩梢绿色。幼叶黄绿色，叶缘带粉红色，上表面无光泽，下表面密生茸毛。成龄叶片心脏形或近圆形，大，绿色，主要叶脉绿色，上表面粗糙，下表面密生毡状毛。叶片3或5裂，上裂刻浅或中等深，下裂刻浅或无。叶缘锯齿锐。新梢上分泌有珠状腺体。卷须分布不连续。两性花。

3. 果实性状

果穗圆锥形，大，穗长21cm、宽13cm，平均穗重510g，最大穗重700g，大小整齐。果粒着生中等紧密，椭圆形，黄绿色，极大，纵径3.3cm、横径2.6cm，平均粒重1.32g。果粉中等厚，果皮中等厚韧，无涩味。果肉较脆，汁多，味甜。每果粒含种子1～4粒，多为2粒。种子中等大，褐色，种脐大且凹陷，喙长而粗，与果肉易分离，可溶性固形物含量为16.4%。鲜食品质中上等。

4. 生物学习性

结果枝占芽眼总数的43.0%。每果枝平均着生果穗数为1.3个。夏芽副梢结实力强。早果性好。正常结果树产果25000kg/hm^2。5月4日萌芽，6月15日开花，10月5日浆果成熟。从萌芽至浆果成熟需155天，此期间活动积温为3020℃。浆果晚熟。抗寒、抗涝和抗病虫性强。

品种评价

此品种为晚熟鲜食品种。果粒极大，颇引人喜欢。耐寒，耐湿，抗病，丰产。进入结果期早，定植第二年即开始结果。贮藏过程中易脱粒。浆果成熟时易遭蜂害，可套袋预防。负载量大时着色差，应控制产量、疏花疏果。适合在温暖、生长季节长的地区种植。宜棚架栽培，以中梢为主的长、中、短梢混合修剪。

植株

生境

果实

托县葡萄

Vitis vinifera L. 'Tuoxianputao'

调查编号：LIHXJJF039

所属树种：葡萄 *Vitis vinifera* L.

提 供 人：孙福珍
电　　话：15354808668
住　　址：内蒙古自治区呼和浩特市
　　　　　托克托县郝家窑村一溜湾

调 查 人：姜建福
电　　话：15824868197
单　　位：中国农业科学院郑州果树
　　　　　研究所

调查地点：内蒙古自治区呼和浩特市
　　　　　托克托县郝家窑村一溜湾

地理数据：GPS数据（海拔：1009m，
　　　　　经度：E111°13'00"，纬度：N40°11'48"）

生境信息

来源于当地，最大树龄超过200年，是内蒙古自治区的主要地方品种之一，主要种植于庭院和田间，地形为平地，土壤类型为砂土，面积13hm²左右，由于受到城市扩建、新品种更新换代等原因，栽培面积日益缩小。

植物学信息

1. 植株情况

生长势强，开始结果年龄为2年。

2. 植物学特征

繁殖方法为扦插，树势强，龙干形，棚架，在当地需要埋土露地越冬，多干，最大干周12cm。藤本，嫩梢茸毛无，梢尖茸毛着色极浅，成熟枝条红褐色。幼叶黄绿色，叶下表面叶脉间匍匐茸毛极疏，叶脉间直立茸毛极疏。成龄叶呈心脏形，平均叶长21.0cm、宽18.0cm，裂片数为五裂，上缺刻深。叶柄洼基部"U"形，轻度重叠。叶缘锯齿两侧直与两侧凸皆有，两性花。

3. 果实性状

果穗平均长40.0cm、宽15.0cm，平均穗重600g，最大穗重3000g，圆锥形，单歧肩，有副穗，紧密度疏。果粒平均纵径长3.0cm、横径2.0cm，平均粒重8.3g，椭圆形，紫红或紫黑色。果粉薄，果皮厚度薄。果肉无颜色，质地脆，汁液少，有淡淡的玫瑰香味。可溶性固形物含量19.0%左右。

4. 生物学习性

全树成熟期一致，成熟时有轻微落果现象，在当地4月下旬萌芽，6月上旬开花，9月下旬果实成熟，平均667m²产量500kg。

品种评价

抗寒、抗旱、耐贫瘠，耐盐碱，品质佳，易管理。主要病虫害种类为炭疽病、霜霉病、绿盲蝽。对寒、旱、涝、瘠、盐、风、日灼等恶劣环境抵抗能力强。

植株

果实

果园

顺德府葡萄

Vitis vinifera L.'Shundefuputao'

调查编号：LIHXJJF040

所属树种：葡萄 *Vitis vinifera* L.

提 供 人：胡光辉
电　　话：18132922101
住　　址：河北省邢台市南和农业局

调 查 人：姜建福
电　　话：15824868197
单　　位：中国农业科学院郑州果树
　　　　　研究所

调查地点：河北省邢台市桥东区南长
　　　　　街村书班营一巷六号院

地理数据：GPS数据（海拔：79m，
　　　　　经度：E114°30'11"，纬度：N37°04'02"）

生境信息

最大树龄100年。庭院小生境。地形为平地，受城市扩建的影响。土壤类型为砂壤土，种植土地为耕地。种植年限为100年，现仅存1株，种植面积333hm²，仅1户种植。

植物学信息

1. 植株情况

植株生长势强。

2. 植物学特征

100年生。扦插繁殖。树势强，无固定树形。架式为自由攀附，在当地不埋土越冬。最大干周40cm。嫩梢灰绿色，带粉红色。幼叶灰绿色，带红色晕，上表面有光泽，下表面茸毛多。成龄叶片近圆形，大，深绿色，主要叶脉棕褐色，下表面有浓密毡状茸毛，全缘或3裂，上裂刻浅。叶缘锯齿钝，圆顶形。叶柄洼窄拱型，短，粗，棕褐色。卷须分布不连续，短，不分叉。雌能花。二倍体。

3. 果实性状

果穗圆锥形，有副穗，中等偏小，穗长12cm、宽11cm，平均穗重230g，最大穗重380g，大小整齐。果粒着生中等紧密，纵径2.7cm、横径2.5cm，平均粒重4.9g，最大粒重6g。果粉厚，果皮厚、韧，微涩。果肉软，有肉囊，汁少，味甜酸，有草莓香味。每果粒含种子2～4粒，多为2粒，梨形，大，深褐色，种脐不突出。种子与果肉较难分离。可溶性固形物含量为17.5%，可滴定酸含量为1.35%。

4. 生物学习性

隐芽萌发力弱，副芽萌发力强。芽眼萌发率为59.4%，枝条成熟度良好。结果枝占芽眼总数的95.0%，每果枝平均着生果穗数为1.6个，有的果枝能结3～4穗果。早果性强。一般定植第2～3年开始结果。正常结果树产果15000kg/hm²。5月8日萌芽，6月9日开花，8月13日新梢开始成熟，9月28日浆果成熟。从萌芽至浆果成熟需144天，此期间活动积温为2734℃。浆果晚熟。抗涝、抗寒，芽眼抗早霜力强，抗白腐病、白粉病。

品种评价

此品种为晚熟鲜食、制汁兼用品种。穗、粒整齐美观。耐贮运。结果系数高，产量高。适应性强，易栽培。雌能花品种，栽培时需配植授粉品种。可在全国各葡萄产区种植。宜小棚架栽培，以中、短梢修剪为主。

生境

枝条

参考文献

白先进, 王举兵, 陈爱军. 2010. 广西葡萄产业发展的思考[J]. 广西农学报, 25(1): 29-32.

贺普超, 罗国光. 1994. 葡萄学[M]. 北京: 中国农业出版社.

胡若冰, 王发明. 1986. 山东省野生葡萄资源调查与开发利用研究初报[J]. 中外葡萄与葡萄酒, (1): 3-11+50.

孔庆山. 2004. 中国葡萄志[M]. 北京: 中国农业科学技术出版社.

冷翔鹏, 刘崇怀, 房经贵, 等. 2011. 巨峰葡萄系谱的SSR与RAPD分析[J]. 西北植物学报, 31(8): 1560-1566.

李德燕. 2008. 贵州野生葡萄种质资源研究[D]. 贵阳: 贵州大学.

李顺雨, 潘学军, 张文娥, 等. 2010. 葡萄属种质资源多样性及利用[J]. 种子, 29(1): 61-64.

廖素凤. 2011. 高PC葡萄种质资源及其生物活性的研究[D]. 福州: 福建农林大学.

刘崇怀. 2012. 中国葡萄属(Vitis L.)植物分类与地理分布研究[D]. 郑州: 河南农业大学.

刘康成, 胡泽生, 刘文彬, 等. 2015. 江西省鲜食葡萄生产现状与提升对策[J]. 中外葡萄与葡萄酒, (1): 58-61.

马林娜. 2012. 河北省葡萄产业发展研究[D]. 保定: 河北农业大学.

南阳. 2015. 清徐县葡萄产业发展研究[D]. 晋中: 山西农业大学.

牛立新. 1994. 世界葡萄种质资源研究概况[J]. 中外葡萄与葡萄酒, (03): 18-20.

潘兴, 刘崇怀, 郭景南, 等. 2006. 红地球葡萄在河南省发展状况及前景分析[J]. 中外葡萄与葡萄酒, (1): 38-41.

蒲胜海, 张计峰, 丁峰, 等. 2013. 新疆葡萄产业发展现状及研究动态[J]. 北方园艺, (13): 200-203.

亓桂梅. 2015. 世界鲜食与制干葡萄生产与消费状况概述[J]. 中外葡萄与葡萄酒, (01): 62-64.

亓桂梅. 2016. 2015年世界葡萄与葡萄酒产业发展简报[J]. 中外葡萄与葡萄酒, (06): 50.

阮仕立. 2001. 中国野生葡萄种质资源描述标准及其计算机管理的研究[D]. 杨凌: 西北农林科技大学.

任国慧, 吴伟民, 房经贵, 等. 2012. 我国葡萄国家级种质资源圃的建设现状[J]. 江西农业学报, 24(7): 10-13.

史良锁. 2013. 山西省葡萄产业发展现状[J]. 农业技术与装备, (5): 54-55.

石雪晖, 杨国顺, 钟晓红, 等. 2011. 湖南省葡萄产业发展历程与趋势[J]. 中外葡萄与葡萄酒, (3): 61-66.

宋士任. 2005. 圆叶葡萄(Vitis rotundifolia)引种初步研究[D]. 杨凌: 西北农林科技大学.

田智硕. 2012. 葡萄种质资源数据库系统的研究与构建[D]. 洛阳: 河南科技大学.

涂娟, 邱家洪, 陈东元, 等. 2016. 江西葡萄产业现状及发展对策[J]. 河北果树, (6): 4-4.

魏文娜, 王琦瑢, 李润唐. 1991. 湖南省野生葡萄资源调查[J]. 湖南农业大学学报(自科版), (3): 447-451.

温景辉. 2011. 基于SSR分子标记的山葡萄种质遗传多样性研究与核心种质构建[D]. 长春: 吉林农业大学.

王华, 宁小刚, 杨平等. 2016. 葡萄酒的古文明世界、旧世界与新世界[J]. 西北农林科技大学学报(社会科学版), 16(06): 150-153.

翟衡, 杜远鹏, 孙庆华, 等. 2007. 论我国葡萄产业的发展[J]. 果树学报, 24(6): 820-825.

张红梅, 曹晶晶. 2014. 中国葡萄酒产业的现状和趋势及可持续发展对策[J]. 农业现代化研究, 35(2): 183-187.

张武, 张永辉, 陆晓英, 等. 2015. 云南葡萄产业发展现状及对策研究[J]. 中国热带农业, (4): 25-28.

赵青. 2010. 葡萄种质资源根瘤蚜抗性差异及其与根系次生代谢物质的关系[D]. 泰安: 山东农业大学.

Li, B. , Jiang, et al. 2017. Molecular characterization of chinese grape landraces (Vitis L.) using microsatellite dna markers. Hortscience A Publication of the American Society for Horticultural Science, 52(4), 53.

Kayesh E, Zhang Y Y, Liu G S, et al. 2013. Development of highly polymorphic EST-SSR markers and segregation in F hybrid population of Vitis vinifera L[J]. Genetics & Molecular Research Gmr, 12(3): 3871.

Vitis

附录一
各树种重点调查区域

树种	重点调查区域	
	区域	具体区域
石榴	西北区	新疆叶城，陕西临潼
	华东区	山东枣庄、江苏徐州，安徽怀远、淮北
	华中区	河南开封、郑州、封丘
	西南区	四川会理、攀枝花，云南巧家、蒙自，西藏山南、林芝、昌都
樱桃		河南伏牛山，陕西秦岭，湖南湘西，湖北神农架，江西井冈山等；其次是皖南，桂西北，闽北等地
核桃	东部沿海区	辽东半岛的丹东、庄河、瓦房店、普兰店，辽西地区，河北卢龙、抚宁、昌黎、遵化、涞水、易县、阜平、平山、赞皇、邢台、武安，北京平谷、密云、昌平，天津蓟县、宝坻、武清、宁河，山东长清、泰安、章丘、苍山、费县、青州、临朐，河南济源、林州、登封、濮阳、辉县、柘城、罗山、商城，安徽亳州、涡阳、砀山、萧县，江苏徐州、连云港
	西北区	山西太行、吕梁、左权、昔阳、临汾、黎城、平顺、阳泉，陕西长安、户县、眉县、宝鸡、渭北，甘肃陇南、天水、宁县、镇原、武威、张掖、酒泉、武都、康县、徽县、文县，青海民和、循化、化隆、互助、贵德，宁夏固原、灵武、中卫、青铜峡
	新疆区	和田、叶城、库车、阿克苏、温宿、乌什、莎车、吐鲁番、伊宁、霍城、新源、新和
	华中华南区	湖北郧县、郧西、竹溪、兴山、秭归、恩施、建始，湖南龙山、桑植、张家界、吉首、麻阳、怀化、城步、通道，广西都安、忻城、河池、靖西、那坡、田林、隆林
	西南区	云南漾濞、永平、云龙、大姚、南华、楚雄、昌宁、宝山、施甸、昭通、永善、鲁甸、维西、临沧、凤庆、会泽、丽江，贵州毕节、大方、威宁、赫章、织金、六盘水、安顺、息烽、遵义、桐梓、兴仁、普安，四川巴塘、西昌、九龙、盐源、德昌、会理、米易、盐边、高县、筠连、叙永、古蔺、南坪、茂县、理县、马尔康、金川、丹巴、康定、泸定、峨边、马边、平武、安州、江油、青川、剑阁
	西藏区	林芝、米林、朗县、加查、仁布、吉隆、聂拉木、亚东、错那、墨脱、丁青、贡觉、八宿、左贡、芒康、察隅、波密
板栗	华北	北京怀柔，天津蓟县，河北遵化、承德，辽宁凤城，山东费县，河南平桥、桐柏、林州，江苏徐州
	长江中下游	湖北罗田、京山、大悟、宜昌，安徽舒城、广德，浙江缙云，江苏宜兴、吴中、南京
	西北	甘肃南部，陕西渭河以南，四川北部，湖北西部，河南西部
	东南	浙江、江西东南部，福建建瓯、长汀，广东广州，广西阳朔，湖南中部
	西南	云南寻甸、宜良，贵州兴义、毕节、台江，四川会理，广西西北部，湖南西部
	东北	辽宁，吉林省南部
山楂	北方区	河南林县、辉县、新乡，山东临朐、沂水、安丘、潍坊、泰安、莱芜、青州，河北唐山、沧州、保定，辽宁鞍山、营口等地
	云贵高原区	云南昆明、江川、玉溪、通海、呈贡、昭通、曲靖、大理，广西田阳、田东、平果、百色，贵州毕节、大方、威宁、赫章、安顺、息烽、遵义、桐梓
柿	南方	广东五华、潮汕，福建安溪、永泰、仙游、大田、云霄、莆田、南安、龙海、漳浦、诏安，湖南祁阳
	华东	浙江杭州，江苏邳县，山东菏泽、益都、青岛
	北方	陕西富平、三原、临潼，河南荥阳、焦作、林州，河北赞皇，甘肃陇南，湖北罗田
枣	黄河中下游流域冲积土分布区	河北沧州、赞皇和阜平，河南新郑、内黄、灵宝，山东乐陵和庆云，陕西大荔，山西太谷、临猗和稷山，北京丰台和昌平，辽宁北票、建昌等
	黄土高原丘陵分布区	山西临县、柳林、石楼和永和，陕西佳县和延川
	西北干旱地带河谷丘陵分布区	甘肃敦煌、景泰，宁夏中卫、灵武，新疆喀什

| 树种 | 重点调查区域 | |
	区域	具体区域
李	东北区	黑龙江，吉林，辽宁，内蒙古东部
	华北区	河北，山东，山西，河南，北京，天津
	西北区	陕西，甘肃，青海，宁夏，新疆，内蒙古西部
	华东区	江苏，安徽，浙江，福建，台湾，上海
	华中区	湖北，湖南，江西
	华南区	广东，广西
	西南及西藏区	四川，贵州，云南，西藏
杏	华北温带区	北京，天津，河北，山东，山西，陕西，河南，江苏北部，安徽北部，辽宁南部，甘肃东南部
	西北干旱带区	新疆天山、伊犁河谷、甘肃秦岭西麓、子午岭、兴隆山区，宁夏贺兰山区，内蒙古大青山、乌拉山区
	东北寒带区	大兴安岭、小兴安岭和内蒙古与辽宁、吉林、华北各省交界的地区，黑龙江富锦、绥棱、齐齐哈尔
	热带亚热带区	江苏中部、南部，安徽南部，浙江，江西，湖北，湖南，广西
	西南高原区	西藏芒康、左贡、八宿、波密、加查、林芝，四川泸定、丹巴、汶川、茂县、西昌、米易、广元，贵州贵阳、惠水、盘州、开阳、黔西、毕节、赫章、金沙、桐梓、赤水，云南呈贡、昭通、曲靖、楚雄、建水、永善、祥云、蒙自
猕猴桃	重点资源省份	云南昭通、文山、红河、大理、怒江，广西龙胜、资源、全州、兴安、临桂、灌阳、三江、融水，江西武夷山、井冈山、幕阜山、庐山、石花尖、黄岗山、万龙山、麻姑山、武功山、三百山、军峰山、九岭山、官山、大茅山，湖北宜昌，陕西周至，甘肃武都，吉林延边
梨	辽西京郊地区	辽宁鞍山、海城、绥中、盘山，京郊大兴、怀柔、平谷、大厂
	云贵川地区	云南迪庆、丽江、红河、富源、昭通、思茅、大理、巍山、腾冲，贵州六盘水、河池、金沙、毕节、赫章、威宁、凯里，四川乐山、会理、盐源、昭觉、德昌、木里、阿坝、金川、小金、江油、汉源、攀枝花、达川、简阳
	新疆、西藏地区	库尔勒、喀什、和田、叶城、阿克苏、托克逊、林芝、日喀则、山南
	陕甘宁地区	延安、榆林、庆阳、张掖、酒泉、临夏、陇西、武威、固原、吴忠、西宁、民和、果洛
	广西地区	凭祥、百色、浦北、灌阳、灵川、博白、苍梧、来宾
桃	西北高旱区	新疆，陕西，甘肃，宁夏等地
	华北平原区	位于淮河，秦岭以北，包括北京、天津、河北大部、辽宁南部、山东、山西、河南大部、江苏和安徽北部
	长江流域区	江苏南部、浙江、上海、安徽南部、江西和湖南北部、湖北大部及成都平原、汉中盆地
	云贵高原区	云南、贵州和四川西南部
	青藏高原区	西藏、青海大部、四川西部
	东北高寒区	黑龙江海伦、绥棱、齐齐哈尔、哈尔滨、吉林通化和延边延吉、和龙、珲春一带
	华南亚热带区	福建、江西、湖南南部、广东、广西北部
苹果	东北区	辽宁铁岭、本溪，吉林公主岭、延边、通化，黑龙江东南部，内蒙古库伦、通辽、奈曼旗、宁城
	西北区	新疆伊犁、阿克苏、喀什，陕西铜川、白水、洛川，甘肃天水，青海循化、化隆、尖扎、贵德、民和、乐都、黄龙山区、秦岭山区
	渤海湾区	辽宁大连、普兰店、瓦房店、盖州、营口、葫芦岛、锦州，山东胶东半岛、临沂、潍坊、德州，河北张家口、承德、唐山，北京海淀、密云、昌平
	中部区	河南、江苏、安徽等省的黄河故道地区，秦岭北麓渭河两岸的河南西部、湖北西北部、山西南部
	西南高地区	四川阿坝、甘孜、凤县、茂县、小金、理县、康定、巴塘，云南昭通、宣威、红河、文山，贵州威宁、毕节，西藏昌都、加查、朗县、米林、林芝、墨脱等地
葡萄	冷凉区	甘肃河西走廊中西部，晋北，内蒙古土默川平原，东北中北部及通化地区
	凉温区	河北桑洋河谷盆地，内蒙古西辽河平原，山西晋中、太古，甘肃河西走廊，武威地区，辽宁沈阳、鞍山地区
	中温区	内蒙古乌海地区，甘肃敦煌地区，江南、江西及河北昌黎地区，山东青岛、烟台地区，山西清徐地区
	暖温区	新疆哈密盆地，关中盆地及晋南运城地区，河北中部和南部
	炎热区	新疆吐鲁番盆地、和田地区、伊犁地区、喀什地区，黄河故道地区
	湿热区	湖南怀化地区，福建福安地区

附录二
各省（自治区、直辖市）主要调查树种

区划	省（自治区、直辖市）	主要落叶果树树种
华北	北京	苹果、梨、葡萄、杏、枣、桃、柿、李
	天津	板栗、李、杏、核桃
	河北	苹果、梨、枣、桃、核桃、山楂、葡萄、李、柿、板栗、樱桃
	山西	苹果、梨、枣、杏、葡萄、山楂、核桃、李、柿
	内蒙古	苹果、枣、李、葡萄
东北	辽宁	苹果、山楂、葡萄、枣、李、桃
	吉林	苹果、板栗、李、猕猴桃、桃
	黑龙江	苹果、板栗、李、桃
华东	上海	桃、李、樱桃
	江苏	桃、李、樱桃、梨、杏、枣、石榴、柿、板栗
	浙江	柿、梨、桃、枣、李、板栗
	安徽	梨、桃、石榴、樱桃、李、柿、板栗
	福建	葡萄、樱桃、李、柿子、桃、板栗
	江西	柿、梨、桃、李、猕猴桃、杏、板栗、樱桃
	山东	苹果、杏、梨、葡萄、枣、石榴、山楂、李、桃、板栗
华中	河南	枣、柿、梨、杏、葡萄、桃、板栗、核桃、山楂、樱桃、李
	湖北	樱桃、柿、李、猕猴桃、杏树、桃、板栗
	湖南	柿、樱桃、李、猕猴桃、桃、板栗
华南	广东	柿、李、杏、猕猴桃
	广西	樱桃、李、杏、猕猴桃
西南	重庆	梨、苹果、猕猴桃、石榴、板栗
	四川	梨、苹果、猕猴桃、石榴、桃、板栗、樱桃
	贵州	李、杏、猕猴桃、桃、板栗
	云南	石榴、李、杏、猕猴桃、桃、板栗
	西藏	苹果、桃、李、杏、猕猴桃、石榴
西北	陕西	苹果、杏、枣、梨、柿、石榴、桃、葡萄、樱桃、李、板栗
	甘肃	苹果、梨、桃、葡萄、枣、杏、柿、李、板栗
	青海	苹果、梨、核桃、桃、杏、枣
	宁夏	苹果、梨、枣、杏、葡萄、李、板栗
	新疆	葡萄、核桃、梨、桃、杏、石榴、李

附录三
工作路线

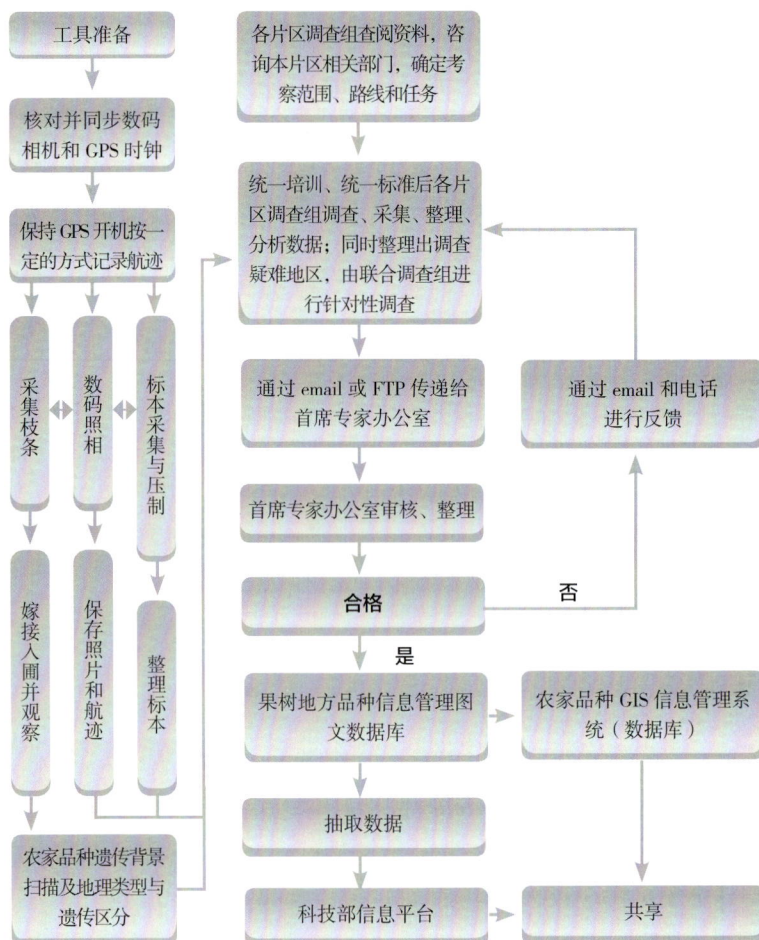

```
工具准备
  ↓
核对并同步数码
相机和 GPS 时钟
  ↓
保持 GPS 开机按一
定的方式记录航迹
  ↓         ↓         ↓
采集枝条   数码照相   标本采集与压制
  ↓         ↓         ↓
嫁接入圃并观察  保存照片和航迹  整理标本
  ↓
农家品种遗传背景
扫描及地理类型与
遗传区分
```

```
各片区调查组查阅资料，咨
询本片区相关部门，确定考
察范围、路线和任务
  ↓
统一培训、统一标准后各片
区调查组调查、采集、整理、
分析数据；同时整理出调查
疑难地区，由联合调查组进
行针对性调查
  ↓
通过 email 或 FTP 传递给        通过 email 和电话
首席专家办公室                  进行反馈
  ↓
首席专家办公室审核、整理
  ↓
合格 ————— 否
  ↓ 是
果树地方品种信息管理图    →   农家品种 GIS 信息管理系
文数据库                      统（数据库）
  ↓
抽取数据
  ↓
科技部信息平台          →      共享
```

附录四
工作流程

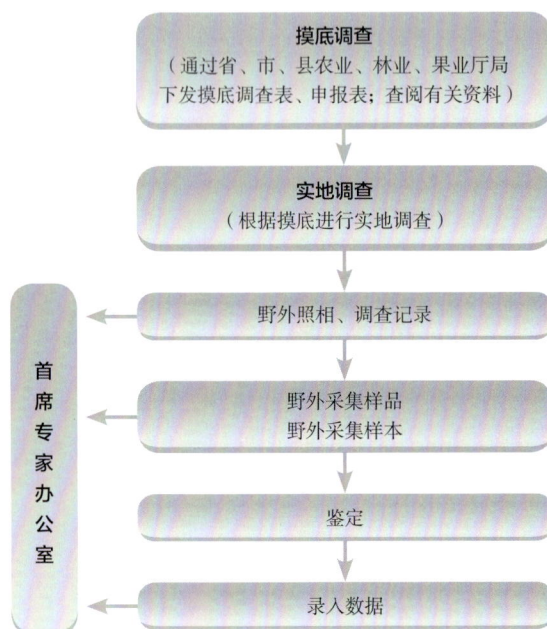

```
摸底调查
（通过省、市、县农业、林业、果业厅局
下发摸底调查表、申报表；查阅有关资料）
  ↓
实地调查
（根据摸底进行实地调查）
  ↓
野外照相、调查记录
  ↓
野外采集样品
野外采集样本
  ↓
鉴定
  ↓
录入数据
```

首席专家办公室

附录五
国家果树种质郑州葡萄、桃资源圃部分地方品种

白布瑞克

来源与分布： 欧亚种。别名阿克布瑞克（维语名）、白比瑞克。新疆地方品种。在新疆吐鲁番、鄯善等地有零星栽培。

主要特性： 果穗分枝圆锥形，平均穗重387.0g。果粒着生中等紧密或疏松。果粒卵圆形或短椭圆形，黄绿色，平均粒重4.4g。果皮中等厚。果肉软，汁多，淡绿色，味酸甜，可溶性固形物含量为18.6%，可滴定酸含量为0.42%，鲜食品质中等。每果粒含种子2～3粒，多为3粒。嫩梢绿色，无茸毛。幼叶绿色，上、下表面无茸毛，有光泽；成龄叶近圆形，中等大，平展，上、下表面无茸毛；叶片5裂，上裂刻深，下裂刻浅。两性花。生长势较强。为晚熟鲜食品种。

栽培要点： 适应性强，易栽培。产量中等。果肉软，风味淡，不耐贮运。

白达拉依

来源与分布： 欧亚种。别名阿克达拉依（维语名）。新疆地方品种。在新疆伊犁有零星栽培。

主要特性： 果穗圆锥形，带副穗，平均穗重430.0g。果粒着生中等紧密。果粒圆柱形，黄绿色，平均粒重3.2g。果皮薄。果肉较脆，汁少，浅黄色，味甜，可溶性固形物含量为17.2%～19.5%，可滴定酸含量为0.40%，鲜食品质中上等。每果粒含种子1～4粒，多为2粒。成龄叶近圆形，中等大，平展，上、下表面无茸毛，叶片5裂，上裂刻浅，下裂刻极浅。雌能花。二倍体。风味较优。为早中熟鲜食品种，也可制罐。

栽培要点： 棚、篱架栽培均可。丰产。抗病性较差，易感白粉病。

白老虎眼

来源与分布： 欧亚种，东方品种群。原产地不详。别名老虎眼、斯克瓦兹。是河北省昌黎县零星栽培的地方品种。

主要特性： 果穗圆锥形，间或有歧肩，平均穗重845.3g。果粒着生紧密。果粒近圆形，黄绿色或绿黄色，充分成熟时白黄色，有稀疏褐色斑点，平均粒重6.0g。果粉厚。果皮薄而坚韧。果肉致密，脆，汁中等多，味酸甜，可溶性固形物含量为15.5%，可滴定酸含量为0.49%，鲜食品质中等。每果粒含种子2～4粒，多为2粒。成龄叶心脏形，中等大，下表面叶脉分叉处有刺状毛，叶片5裂，上裂刻深或中等深，下裂刻中等深。两性花。生长势强。产量低。浆果晚熟。较耐贮运。

栽培要点： 对有些病虫害抵抗力弱，不抗东方盔蚧。抗炭疽病力弱，抗黑痘病力中等或弱，抗白腐病、毛毡病和霜霉病力稍强。易发生日灼病和裂果。

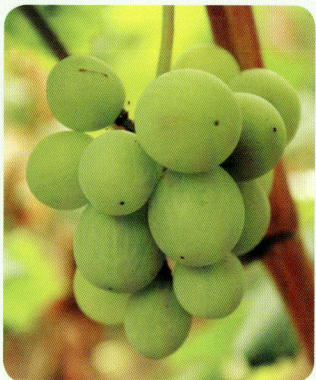

白马奶

来源与分布： 欧亚种，东方品种群。原产地和品种来源不详。别名白马奶子。是我国古老的农家品种，在河北省张家口市宣化区栽培历史悠久，呈零星栽培。

主要特性： 果穗圆锥形，平均穗重454.0g。果穗整齐，果粒着生紧密。果粒椭圆形，黄绿色微带红晕，平均粒重6.6g。果粉薄。果皮薄、韧。果肉致密，中等脆，汁中等多，味酸甜，可溶性固形物含量为15.0%~16.0%，可滴定酸含量为0.43%，鲜食品质中上等。每果粒含种子1~3粒，多为2粒。嫩梢绿色，有光泽和稀疏茸毛。成龄叶片近圆形，中等大，上表面有光泽，下表面有稀疏白色茸毛，叶片5裂，上裂刻中等深或浅，下裂刻浅。雌能花。生长势中等。进入结果期晚，定植第3年开始结果。浆果晚熟。抗寒力较强。

栽培要点： 适合干旱、半干旱地区栽培。产量不高。抗病力弱，抗白腐病力中等，抗黑痘病、褐斑病和霜霉病力弱。

白葡萄

来源与分布： 欧亚种。别名也尔阿克、也尔阿克玉孜姆（维语名）、裂白、裂白葡萄。新疆地方品种。在新疆伊犁、乌鲁木齐等地有零星栽培。

主要特性： 果穗圆锥形，平均穗重600.0g。果粒着生中等紧密或疏松。果粒椭圆形，黄绿色，平均粒重4.7g。果皮中等厚。果肉较脆，汁较多，浅黄色，味酸甜，风味较淡，可溶性固形物含量为18.0%，可滴定酸含量为0.30%，鲜食品质中上等。每果粒含种子3粒。嫩梢绿色，有稀疏茸毛。幼叶黄绿色，带微红色，上、下表面无茸毛，有光泽；成龄叶近圆形，中等大，绿色，薄，上、下表面无茸毛，叶缘上卷，叶片5裂，上裂刻浅，下裂刻极浅。两性花。生长势较强。浆果早中熟。

栽培要点： 较丰产，但商品性较差。适合在新疆各地栽培。

长无核白

来源与分布： 欧亚种。是20世纪50年代后期在吐鲁番地区发现的无核白芽变。分布于新疆吐鲁番、鄯善等地。

主要特性： 果穗圆锥形，平均穗重240.0g，果穗大小整齐，果粒着生较疏松。果粒长卵圆形，黄绿色，平均粒重1.6g。果刷较短。果皮薄，与果肉较难分离。果粉薄。果肉脆，汁中等多，浅黄色，味酸甜，可溶性固形物含量为20.2%，可滴定酸含量为0.45%，品质上等。无种子。嫩梢绿色，无茸毛。幼叶黄绿色，上、下表面无茸毛，有光泽；成龄叶近圆形，中等大，上、下表面无茸毛，叶片平展，叶片5裂，上裂刻深，下裂刻浅叶柄中等长。两性花。生长势较强。浆果晚中熟。

栽培要点： 适合在新疆等高温、干燥、光照充足的地区种植。宜小棚架栽培，以中梢修剪为主，短、中、长梢混合修剪。生产上用GA处理，可拉长果穗和增大果粒。

大无核紫

来源与分布： 欧亚种。别名紫黑。亲本不详。新疆有零星栽培。

主要特性： 果穗圆锥形，有副穗，平均穗重204.0g。果穗大小整齐，果粒着生中等密。果粒椭圆形，红紫色，平均粒重2.4g。果粉中等厚。果皮中等厚、较脆、有涩味。果肉脆，无肉囊，果汁多，红色，味甜，无香味，可溶性固形物含量为16.5%，总糖含量为15.3%，可滴定酸含量为0.60%，品质中上等。有瘪籽。嫩梢绿黄色；新梢生长直立，节间背侧绿色，腹侧红褐色。幼叶黄色，带绿色晕；成龄叶心脏形，中等大，无茸毛，5裂，上裂刻深，下裂刻中等深；锯齿双侧凸形。两性花。二倍体。生长势强。中熟，无核。

栽培要点： 对GA敏感，膨大效果显著；着色和成熟不一致，采收时注意成熟度；抗病能力差。

哈什哈尔

来源与分布： 欧亚种，原产地中国。别名阿克玉孜姆、阿克喀什哈尔、喀什哈尔玉孜姆（维语名）、白葡萄、白喀什哈尔、喀什哈尔、喀什白葡萄、圆葡萄。是新疆的古老地方品种。在新疆各葡萄产区有少量栽培。

主要特性： 果穗圆锥形，带副穗，平均穗重430.0g。果粒着生中等紧密。果粒近圆形，绿色或浅绿黄色，平均粒重4.5g。果皮薄，与果肉不易分离。果肉较脆，汁多，浅黄色，味酸甜，可溶性固形物含量为16%～18%，鲜食品质中等。每果粒含种子多为3粒。嫩梢绿色，有稀疏茸毛。幼叶绿色，微带红色，上、下表面无茸毛，有光泽；成龄叶心脏形，中等大，薄，平展，上表面光滑无茸毛，下表面有稀疏茸毛；叶片5裂，上裂刻深，下裂刻中等深。两性花。生长势较强。浆果晚熟。

栽培要点： 在南、北疆各地气候可充分成熟。棚、篱架栽培均可，宜多主蔓扇形整形，以中梢修剪为主。丰产性好。耐贮运性较强。抗寒、抗旱和抗病力均较好。多用于庭院栽培。

和田红

来源与分布： 欧亚种。新疆地方品种。为新疆和田的主栽品种，在新疆各地有零星栽植。

主要特性： 果穗圆锥形，双歧肩，平均穗重680.0g。果粒着生极紧密，有大小粒。果粒近圆形，黄绿色，微带红色，平均粒重3.5～4.0g。果皮较厚而韧，与果肉易分离。果刷中等长。果肉稍软，汁多，味甜酸，可溶性固形物含量为18.0%～22.0%，可滴定酸含量为0.57%。出汁率为77.8%，鲜食品质一般。每果粒含种子1～3粒，多为2粒。种子中等大，浅褐色。嫩梢绿色，有稀疏茸毛。幼叶绿色，微带红色，上、下表面有稀疏茸毛；成龄叶近圆形，中等大，薄，平展，上、下表面无茸毛；叶片5裂，上裂刻深，下裂刻浅。两性花。生长势较强。浆果晚熟。

栽培要点： 适宜在较干燥地区发展，棚、篱架栽培均可。晚采不脱粒，极丰产。适应性强，耐寒、耐旱、耐盐碱。

和田绿

来源与分布： 欧亚种。别名和田奎克玉孜姆、卡巴克玉孜姆（维语名）。新疆地方品种。在新疆喀什、和田等地有零星栽培。

主要特性： 果穗圆锥形，平均穗重210.0g。果粒着生中等紧密。果粒椭圆形，黄绿色，平均粒重2.3g。果皮中等厚。果肉较脆，汁中等多，淡黄色，味酸甜，可溶性固形物含量为18.0%～23.6%，可滴定酸含量为0.35%～0.50%，鲜食品质中等。果刷短。每果粒含种子1～4粒，多为2粒，种子中等大，棕褐色。嫩梢绿色，带褐色，有稀疏茸毛。幼叶绿色，带微红色，上、下表面有稀疏茸毛，有光泽。成龄叶近圆形，中等大，中等厚，平展，上、下表面无茸毛；叶片5裂，上裂刻深，下裂刻中等深。两性花。生长势较强。浆果晚熟。

栽培要点： 适合新疆各地栽培。适应性较强，果穗、果粒偏小，产量较低。

黑布瑞克

来源与分布： 欧亚种。别名卡拉布瑞克（维语名）、黑比瑞克。新疆地方品种。在新疆吐鲁番、鄯善等地有零星栽培。

主要特性： 果穗圆锥形，双歧肩，平均穗重416.0g。果粒着生中等紧密。果粒近圆形，紫黑色，平均粒重2.8g。果皮中等厚。果肉稍脆，汁中等多，浅黄色，味酸甜，可溶性固性物含量为17.0%～19.2%，可滴定酸含量为0.54%，鲜食品质中等。果刷较短。每果粒含种子2～4粒，多为3粒。嫩梢绿色，带褐色，有稀疏茸毛。幼叶绿色，带微红色，上、下表面无茸毛，有光泽；成龄叶近圆形，较小，呈浅漏斗状，上、下表面平滑无茸毛；叶片5裂，上裂刻深，下裂刻中等深。叶柄短。两性花。生长势较强。浆果晚熟。品质一般。

栽培要点： 棚、篱架栽培均可。丰产。抗性强。

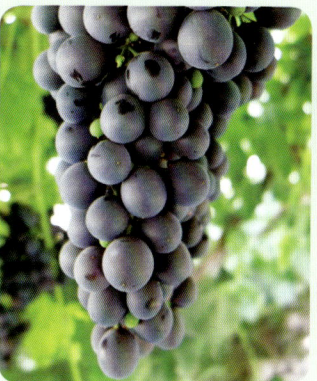

黑鸡心

来源与分布： 欧亚种，原产地中国。别名黑葡萄。亲本不详。是山西省清徐县的主栽品种。

主要特性： 果穗短圆锥形，带歧肩，平均穗重400.0g。果粒着生中等紧密。果粒鸡心形，黑紫色，平均粒重4.5g。果粉厚。果皮中等厚。果肉柔软，汁中等多，浅红色，味酸甜，可溶性固形物含量为16.0%，鲜食品质中等。每果粒含种子多为3粒。嫩梢绿色，新梢有极稀疏细茸毛。幼叶黄绿色，边缘有红褐色，上表面有光泽，下表面无茸毛；成龄叶心脏形，中等大，薄，下表面有稀疏刺状毛；叶片5裂，上、下裂刻均深。叶柄中等长，较细，红褐色。雌能花。二倍体。生长势中等，枝条成熟度好。早果性差。浆果晚熟。

栽培要点： 适合干旱、半干旱地区种植。宜棚架栽培，以中、长梢修剪为主。不宜大量发展。成熟期遇雨易裂果。抗病力中等。抗寒性强，不耐高温。果实不耐贮运。

黑卡拉斯

来源与分布： 欧亚种，原产地中亚细亚。别名卡拉卡拉斯（维语名）。亲本不详。是新疆伊犁的古老栽培品种，在北疆各地区有零星栽培。

主要特性： 果穗圆锥形，双歧肩，平均穗重850.0g。果粒着生紧密。果粒近圆形，紫黑色，平均粒重5.2g。果皮较薄。果肉脆，汁中等多，浅黄色，味酸甜，可溶性固形物含量为19.5%，可滴定酸含量为0.68%，鲜食品质中上等。果刷短。每果粒含种子1～3粒，多为3粒。嫩梢绿色，带褐色，有稀疏茸毛。幼叶绿色，带褐色，上、下表面有稀疏茸毛，有光泽；成龄叶近圆形，中等大，叶面呈大泡状，叶缘上卷，上、下表面无茸毛；叶片5裂，上裂刻中等深，下裂刻浅。雌能花。生长势强。浆果中熟。大粒，风味佳。

栽培要点： 丰产，易栽培，适合在新疆等气候干燥区种植。棚、篱架栽培均可，宜中梢修剪。不易裂果。

黑葡萄

来源与分布： 欧亚种。别名卡拉玉孜姆（维语名）、黑沙留、沙留皮。新疆地方品种。在新疆吐鲁番有零星栽培。

主要特性： 果穗圆锥形，平均穗重324.0g。果粒着生极疏松。果粒椭圆形，紫红色，平均粒重3.3g。果粉厚。果皮厚而韧。果肉稍软，汁中等多，浅绿色，味酸甜，可溶性固形物含量为15.7%～18.8%，鲜食品质中等。每果粒含种子1～4粒，多为2粒，种子中等大，浅褐色。嫩梢绿色，带褐色，有稀疏茸毛。幼叶暗红色，上、下表面无茸毛，有光泽；成龄叶近圆形，较小，平展，上、下表面无茸毛；叶片5裂，上裂刻深，下裂刻中等深。两性花。生长势中等。浆果极晚熟。

栽培要点： 适应性强。产量和品质不稳定。不宜发展。

红达拉依

来源与分布： 欧亚种。别名克孜达拉依（维语名）。新疆地方品种，在新疆伊犁地区有少量栽培。

主要特性： 果穗圆锥形，平均穗重320.0g。果粒着生紧密或极紧密。果粒倒卵圆形，紫红色，平均粒重3.2g。果皮薄。果肉脆，汁中等多，微红色，味甜，可溶性固形物含量为16.0%～19.0%，品质中上等。每果粒含种子多为4粒。种子与果肉易分离。嫩梢绿色，无茸毛。幼叶绿色，上、下表面无茸毛，有光泽；成龄叶近圆形，中等大，绿色，中等厚，叶片上卷，上、下表面无茸毛；叶片5裂，上裂刻中等深，下裂刻浅。叶柄较短。两性花。生长势中等。浆果极早熟。

栽培要点： 耐瘠薄，抗病力较强，易栽培。棚、篱架栽培均可。作为极早熟品种可适当发展。

红马奶

来源与分布： 欧亚种。新疆地方品种，亲本不详，在新疆和田有零星栽培。

主要特性： 果穗圆锥形，平均穗重440.0g。果粒着生中等紧密或紧密。果粒弯形，紫红色，平均粒重4.5g。果皮厚，较韧。果肉较脆，汁中等多，黄绿色，味酸甜，可溶性固形物含量为18.6%，可滴定酸含量为0.47%，品质中等。每果粒含种子多为2粒。嫩梢绿色，带褐色，有稀疏茸毛。幼叶黄绿色，带浅紫红色，上、下表面无茸毛，有光泽；成龄叶近圆形，较小，绿色，中等厚，平展，上、下表面无茸毛；叶片5裂，上裂刻深，下裂刻浅。两性花。生长势中等。浆果晚熟。

栽培要点： 产量中等。适宜在新疆等气候干燥地区栽培。

红木纳格

来源与分布： 欧亚种。别名克孜木纳格（维语名）。新疆地方品种。在新疆和田、克孜勒苏柯尔克孜自治州（以下简称克州）栽培较多。

主要特性： 果穗圆锥形，平均穗重520.0～620.0g。果粒着生较疏松。果粒长椭圆形，绿黄色带红晕，平均粒重8.0g。果皮厚而韧，与果肉易分离。果肉脆，汁多，淡黄色，味甜酸，可溶性固形物含量为16.4%～18.0%，可滴定酸含量为0.43%，鲜食品质上等。每果粒含种子2～4粒。嫩梢绿色，带紫红色，有稀疏茸毛。幼叶黄绿色，叶缘紫红色，上、下表面无茸毛，有光泽；成龄叶近圆形，中等大，平展，上、下表面无茸毛；叶片5裂，上裂刻深，下裂刻中等深。两性花。生长势较强。浆果晚熟。

栽培要点： 对气候的选择性较强，在新疆以克州、喀什地区为最佳栽培区。可在新疆的南疆等高温、干燥地区栽培。极丰产。耐贮运性较好。

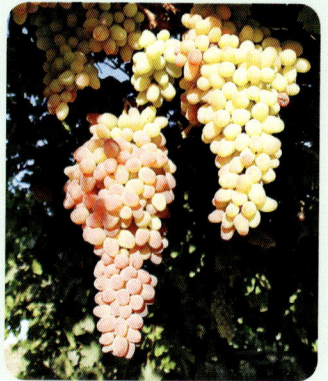

假黄葡萄

来源与分布： 欧亚种。别名色勒克玉孜姆（维语名）。新疆地方品种。主要分布在新疆和田，有零星栽培。

主要特性： 果穗圆锥形，平均穗重330.0g。果粒着生中等紧密。果粒短椭圆形，黄绿色，平均粒重5.3g。果皮较薄。果肉脆，汁中等多，味酸甜，可溶性固形物含量为19.6%，可滴定酸含量为0.54%，品质中上等。每果粒含种子多为3粒，种子较大。嫩梢绿色，有稀疏茸毛。幼叶黄绿色，微带红色，上、下表面无茸毛，有光泽；成龄叶圆形，中等大，平展，上、下表面无茸毛；叶片5裂，上裂刻深，下裂刻浅。两性花。生长势较强。浆果中熟。

栽培要点： 适应性强。要求积温不高，新疆的南、北疆都可发展。棚、篱架栽培均可，宜中梢修剪。

绿木纳格

来源与分布： 欧亚种。别名奎克木纳格、阿克木纳格、木纳格（维语名）。新疆地方品种。新疆的南疆各地都有栽培，为和田、克州和喀什等地的主栽品种。

主要特性： 果穗圆锥形，平均穗重560.0g。果粒着生较疏松。果粒椭圆形，黄绿色，平均粒重8.2g。果皮中等厚，韧。果肉较脆，汁中等多，淡黄色，味酸甜，风味稍淡，可溶性固形物含量为16.0%～18.0%。鲜食品质中等。每果粒含种子多为4粒，种子与果肉易分离。嫩梢绿色，带褐色，有稀疏茸毛。幼叶绿色，叶缘褐红色，上、下表面无茸毛；成龄叶近圆形，中等大，上、下表面无茸毛，叶缘微上卷；叶片5裂，上裂刻深，下裂刻浅。两性花。生长势中等。浆果晚熟。

栽培要点： 对气候的选择性较强，适合在南疆积温高的地区种植，在新疆以克州、喀什地区为最佳栽培区。宜棚架栽培。耐贮运性较好，丰产性好。果实可延迟采收，但过晚易落粒。

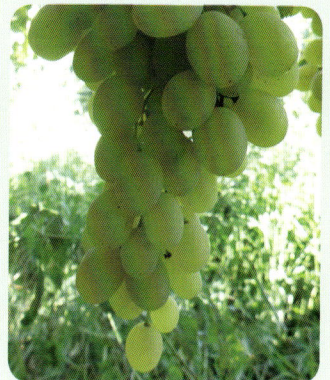

绿葡萄

来源与分布： 欧亚种。别名奎克玉孜姆（维语名）。新疆地方品种，在新疆和田有少量栽培。

主要特性： 果穗圆锥形，平均穗重570.0g。果粒着生中等紧密。果粒椭圆形，绿色，平均粒重4.2g。果皮中等厚。果肉较脆，汁中等多，浅红色，味酸甜，可溶性固形物含量为15.4%～18.2%，可滴定酸含量为0.35%，出汁率为78.3%，品质中等。每果粒含种子多为3粒。嫩梢绿色，带褐色，无茸毛。幼叶绿色，微带红色，上、下表面有光泽；成龄叶近圆形，中等大，绿色，中等厚，叶缘微上卷，上、下表面平滑无茸毛；叶片5裂，上裂刻中等深，下裂刻浅。两性花。生长势中等。浆果中熟。

栽培要点： 适合在气候干燥地区适量发展。棚、篱架栽培均可。适应性强。较耐贮运。

马奶子

来源与分布： 欧亚种。原产地为中亚和西亚。别名撒玉宛、阿克撒玉宛、奎克撒玉宛（维语名），夏马奶子、大马奶、白马奶。新疆地方品种。现分布于新疆各地，在吐鲁番栽培较多。

主要特性： 果穗长圆锥形，带歧肩，平均穗重250.0～400.0g。果粒着生疏松。果粒长椭圆形，淡黄白色，平均粒重5.4g。果皮薄而韧，与果肉易分离。果肉较脆，汁多，甜，可溶性固形物含量为18.6%～22.0%，可滴定酸含量为0.30%。鲜食品质上等，制干色泽较差。每果粒含种子多为3粒。嫩梢绿色，无茸毛。幼叶绿色，微带红色，上、下表面无茸毛，有光泽；成龄叶近圆形，中等大，平展，上表面无茸毛，下表面主脉与侧脉相交处有少量刺毛；叶片5裂，上裂刻浅，下裂刻极浅。两性花。生长势较强。浆果晚中熟。

栽培要点： 宜棚架栽培。丰产。不耐贮运，浆果易变褐和脱粒。

墨玉葡萄

来源与分布： 欧亚种。别名卡拉玉孜姆（维语名）。新疆地方品种，在新疆和田墨玉县有少量栽培。

主要特性： 果穗圆锥形，带副穗，平均穗重283.0g。果粒着生中等紧密或疏松。果粒近圆形，黑紫色，平均粒重3.6g。果皮中等厚。果肉较脆，汁中等多，浅红色，味酸甜，可溶性固形物含量为22.0%，可滴定酸含量为0.30%，出汁率78.3%，鲜食品质中等。每果粒含种子2～4粒，多为3粒。嫩梢绿色，带褐色，有稀疏茸毛。幼叶绿色，带褐色，上、下表面有稀疏茸毛，稍有光泽；成龄叶近圆形，较小，平展，上、下表面无茸毛；叶片5裂，上裂刻中等深，下裂刻浅。叶柄短。两性花。生长势中等。浆果中熟。

栽培要点： 适应性强，易栽培，产量中等。棚、篱架栽培均可。对霜霉病和白粉病抗性弱。

牛心

来源与分布： 欧亚种，东方品种群。原产地和品种来源不详。曾经在辽宁兴城、北京、河南、内蒙古、河北石家庄、天津宁河镇等地有少量栽培。

主要特性： 果穗多为分枝形，平均穗重412.6g。果粒着生松散。果粒长椭圆形或鸡心形，紫红色，平均粒重6.0g。果粉厚。果皮薄而坚韧，较难与果肉剥离。果肉脆，汁多，味酸甜，可溶性固形物含量为16.5%，可滴定酸含量为0.80%，品质中上等。每果粒含种子2～3粒。嫩梢绿色。幼叶黄绿色，有光泽，较厚，坚韧；成龄叶近圆形，中等大，上表面有光泽，下表面叶脉上有稀疏的白色茸毛；叶片3或5裂，上裂刻浅，下裂刻不明显或浅。两性花。生长势强，产量中等。浆果晚熟。

栽培要点： 对土壤的适应性较强。适合棚架栽培，采用长梢修剪。品质一般，产量不够稳定。喷施浓度过高的波尔多液，幼叶易产生药害。耐盐碱。抗炭疽病力较强，抗白腐病和黑痘病力弱，不抗霜霉病。耐短期贮运。有日灼病和裂果。

平顶黑

来源与分布： 欧亚种。别名卡拉玉孜姆（维语名）、黑葡萄、平顶黑葡萄。新疆地方品种，在新疆喀什有零星栽培。

主要特性： 果穗圆锥形，中等大，平均穗重320.0g。果粒着生中等紧密。果粒平顶圆柱形，红紫色，较大，平均粒重5.8g。果皮薄。果肉脆，汁中等多，绿黄色，味酸甜，可溶性固形物含量为19.8%，可滴定酸含量为0.51%，鲜食品质中上等。每果粒含种子1~4粒，多为2粒，有瘪籽，种子中等大，深褐色。嫩梢绿色，带褐色，有稀疏茸毛。幼叶绿色，带红色，上、下表面无茸毛，有光泽；成龄叶近圆形，中等大，微呈波状，上、下表面无茸毛；叶片5裂，上、下裂刻极浅。雌能花。生长势中等。浆果晚熟。有大小粒，影响外观商品性。

栽培要点： 适宜在北疆地区栽培。较丰产。

秋马奶子

来源与分布： 欧亚种。别名奎孜乐克撒玉宛、阿克玉孜姆（维语名）。新疆地方品种。在新疆吐鲁番、和田等地有零星栽培。

主要特性： 果穗圆锥形，平均穗重312.0g。果粒着生疏松。果粒弯形，绿色，平均粒重4.1g。果皮较厚而韧，有涩味。果肉柔软多汁，绿色，味酸甜，可溶性固形物含量为18.2%~20.3%，可滴定酸含量为0.47%，鲜食品质中等。果刷较长。每果粒含种子多为4粒。嫩梢绿色，带紫褐色，有稀疏茸毛。幼叶绿色，叶缘红褐色，上、下表面无茸毛，有光泽；成龄叶近圆形，中等大，中等厚，叶缘上卷，上、下表面无茸毛；叶片5裂，上裂刻深，下裂刻中等深。雌能花。生长势中等。浆果极晚熟。

栽培要点： 适应性强，棚、篱架栽培均可。鲜食品质较差，产量低，不宜发展。耐旱，耐寒，耐贮运。

赛勒克阿依

来源与分布： 欧亚种。别名赛勒克阿依（维语名）、黄马奶。新疆地方品种，在新疆伊犁有零星栽培。

主要特性： 果穗圆锥形，双歧肩，平均穗重720.0g。果粒着生中等紧密。果粒近圆形，紫红色，平均粒重7.3g。果皮中等厚。果肉较脆，汁多，淡黄色，味酸甜，可溶性固形物含量为16.0%，可滴定酸含量为0.40%，品质中上等。每果粒含种子2粒。嫩梢绿色，带褐色，有稀疏茸毛。幼叶绿色，带红色，上、下表面有稀疏茸毛，有光泽；成龄叶近圆形，中等大，中等厚，叶缘上卷，上、下表面无茸毛，叶片3裂，裂刻浅。雌能花。生长势中等。浆果晚熟。

栽培要点： 适合在新疆积温高的地区发展。棚、篱架栽培均叼。易栽培，丰产性好。

索索葡萄

来源与分布： 欧亚种。别名翁卡玉孜姆（维语名）、黑科林斯。新疆地方品种。在新疆吐鲁番、哈密和喀什等地有零星栽培。

主要特性： 果穗圆柱形，带副穗，平均穗重38.0~50.0g。果粒着生中等紧密。果粒圆形略扁，紫红色，极小，平均粒重0.15g。果皮中等厚，较韧。果肉脆，汁少，黄绿色，味酸甜，可溶性固形物含量为18.0%~21.0%，可滴定酸含量为0.63%，出干率为22.2%，品质较差。无种子。嫩梢绿色，带暗紫红色，有稀疏茸毛。幼叶黄绿色，叶缘暗红色；成龄叶近圆形，中等大，平展，上、下表面无茸毛；叶片5裂，上裂刻深，下裂刻中等深。两性花。生长势较强。浆果晚熟。无鲜食价值，一般用于制干供医药用。

栽培要点： 抗性较弱。

塘尾葡萄

来源与分布： 刺葡萄。别名塘尾刺葡萄。仅在江西省玉山县作为鲜食葡萄有少量栽培。

主要特性： 果穗圆柱形或圆锥形，少数有副穗，平均穗重118.3g。果粒着生疏松。果粒卵圆形或长圆形，紫红色或紫黑色，平均粒重2.9g。果粉中等厚。果皮厚而韧，果皮与果肉较难分离。果肉软，汁多，无色，味酸甜，无香味，可溶性固形物含量为15.1%，含酸量为0.62%，出汁率为64.7%，品质中等。每果粒含种子多为2粒。嫩梢黄绿色，带紫红色，梢尖色浅，茸毛疏；幼叶黄绿色，上表面茸毛极疏，有光泽；成龄叶心脏形，大，上表面有光泽，下表面淡绿色，无茸毛，叶片全缘或3裂，裂刻浅。两性花。二倍体。生长势强。浆果晚中熟。

栽培要点： 适宜在长江中下游区域栽培，宜棚架栽培。丰产性较好。抗病力极强，抗逆性强。耐贮运。

微红白葡萄

来源与分布： 欧亚种。别名红哈什哈尔、红喀什哈尔。新疆地方品种。在新疆伊犁、乌鲁木齐等地有零星栽培。

主要特性： 果穗圆锥形，双歧肩，较大，平均穗重492.0g。果粒着生紧密或极紧密。果粒近圆形，黄绿色，有红晕，中等大，平均粒重3.4g。果皮中等厚。果肉较脆，汁多，淡黄色，味酸甜，可溶性固形物含量为20.0%，可滴定酸含量为0.54%。品质中等。每果粒含种子3粒。嫩梢绿色，带褐色，有稀疏茸毛。幼叶绿色，微带红色，上、下表面无茸毛，有光泽；成龄叶近圆形，中等大，较薄，上、下表面无茸毛；叶片5裂，上裂刻深，下裂刻中等深。两性花。生长势强。晚熟。

栽培要点： 宜在积温较高地区发展。棚、篱架栽培均可。丰产。充分成熟不脱粒，可延迟采收。较耐贮藏。

伊犁香葡萄

来源与分布： 欧亚种。别名阿特勒玉孜姆（维语名）、香葡萄。新疆地方品种。在新疆伊宁市有零星栽植。

主要特性： 果穗圆锥形，平均穗重170.0g。果粒着生中等紧密。果粒近圆形，绿色，平均粒重2.8g。果皮较薄而韧。果肉较脆，汁多，浅黄色，味酸甜，具浓玫瑰香味，可溶性固形物含量为20.0%~23.0%，可滴定酸含量为0.45%，出汁率为67.5%，品质中上等。每果粒含种子多为3粒。嫩梢绿色，带紫红色，无茸毛。幼叶绿色，带暗红色，上、下表面无茸毛，有光泽；成龄叶近圆形，中等大，平展，上、下表面无茸毛；叶片5裂，上裂刻中等深，下裂刻浅。两性花。生长势中等。浆果中熟。

栽培要点： 适应性一般。棚、篱架栽培均可。产量偏低。不易落粒。果粒偏小，外观商品性较差，可作为酿酒品种或作为特色品种少量发展。

于田白葡萄

来源与分布： 欧亚种。别名克勒亚阿克玉孜姆（维语名）。新疆地方品种。在新疆和田有零星栽培。

主要特性： 果穗圆锥形带副穗，平均穗重450.0g。果粒着生中等紧密或紧密。果粒短椭圆形，黄绿色，平均粒重5.5g。果皮薄，较韧，与果肉易分离。果肉脆，汁中等多，浅绿色，味酸甜，可溶性固形物含量为19.4%，可滴定酸含量为0.49%，品质中上等。每果粒含种子多为3粒。嫩梢绿，带紫红色，无茸毛。幼叶绿色，带暗红色，上、下表面无茸毛，有光泽；成龄叶近圆形，中等大，中等厚，平展，上、下表面无茸毛；叶片5裂，上裂刻中等深，下裂刻浅。两性花。生长势较强。浆果晚熟。

栽培要点： 适应性强。可在新疆等气候干燥区适量发展。丰产性好。耐贮运。

葡萄品种中文名索引

Vitis

葡萄品种调查编号索引